砌筑技艺与创新

陈维伟　著

U0195043

中国建筑工业出版社

图书在版编目（CIP）数据

砌筑技艺与创新/陈维伟著．—北京：中国建筑工业出版社，2017.3
ISBN 978-7-112-20357-4

Ⅰ.①砌… Ⅱ.①陈… Ⅲ.①砌筑 Ⅳ.①TU754.1

中国版本图书馆CIP数据核字（2017）第012888号

砌筑技艺与创新
陈维伟 著
*
中国建筑工业出版社出版、发行（北京海淀三里河路9号）
各地新华书店、建筑书店经销
唐山龙达图文制作有限公司制版
廊坊市海涛印刷有限公司印刷
*
开本：787×1092毫米 1/16 印张：12¼ 字数：248千字
2017年8月第一版 2017年8月第一次印刷
定价：**49.00**元
ISBN 978-7-112-20357-4
(29907)
版权所有 翻印必究
如有印装质量问题，可寄本社退换
（邮政编码100037）

本书着重介绍了“2381”砌砖法，其具有简单易学、入门不难、攀高不易的特点。若要真正学到手，得勤学苦练，基本功训练，每一动作经受千百次练习与适应后，整套“2381”动作形成条件反射，促进人体生理、心理活动常态化，动作轻松自如，使砌砖作业成为体能消耗最低度的劳动，人体潜能得到充分发挥。

随着科学技术的发展，传统技术似乎离我们越来越远，传统技术在人们心目中逐渐淡化、被遗忘之时，在国家提倡工匠精神号召下，笔者从懵懂少年学生时起，长期生活在生产一线摸爬滚打，以平凡劳动者心态，锤炼个人的意志，走上一条传统与现代科学相结合的成功之路，用笔触书写成长经历，留给后人。

* * *

责任编辑：郦锁林　王华月
责任设计：王国羽
责任校对：陈晶晶　张　颖

前　言

“2381”科学砌砖法（以下简称“2381”）的推广、应用，20 世纪 80 年代在建筑业掀起一股热潮，成千上万名建筑工人参加培训，造就一大批新型的瓦工工匠。这是一场持续多年的瓦工营造工艺改革创新的工匠运动。一些省市领导、工程学术界学者、知名人士和媒体积极投入这场推广运动，增添无限的正能量。

经过培训的工人，在短时期内（3 个月）便能熟练掌握“2381”操作技能，彻底告别师傅带徒弟作坊式的学艺。像训练运动员那样把砌砖劳动涉及人体手、眼、身法、步等身体各部位肌肉运动，设计成两种步法、三种身法、八种铺灰手法、一种挤浆动作，称“2381”规范砌砖动作。实现砌砖动作规范化、技能训练科学化、工艺管理标准化。建设部、国家科委组织“2381”培训班。先后在西南、西北地区成立“2381”联合培训中心、浙江省“2381”培训站。国家科委在四川成都、山东青岛组织大规模培训活动。参加的培训人员遍及全国各地。接受培训的工人除了初学者，还有在岗多年的瓦工，他们以改进旧有不良操作习惯、学习“2381”，从头学起，卓有成效，回到班组开展传帮带的工作。

“2381”砌砖法具有简单易学、入门不难、攀高不易的特点。若要真正学到手，得勤学苦练，基本功训练，每一动作经受千百次练习和适应后，整套“2381”动作形成条件反射，促进人体生理、心理活动常态化，动作轻松自如，使砌砖作业成为体能消耗最低度的劳动，人体潜能得到充分发挥。

1996 年退休后，笔者受聘于多家房产公司发挥余热。2009 年秋，返回母校—南京工业大学土木工程学院，行感恩之旅，感谢母校的栽培，同在校学子座谈交流时，了解到大学生因缺少实际工作经验而苦恼，萌生开展“工程实践科技系列”讲座的设想，得到了校领导和同学们的欢迎。把多年来从事工程设计、施工、科研、教学等各个领域的工作经验和体会，整理历年来发表的学术文章，讲解工程案例，辨析工程事故，收集来自工匠们业余时间的“活论”，发掘充满智慧、传奇色彩、超乎寻常思维的人和事，融入知识性、趣味性，富有哲理。拓宽书本知识的局限性，充实讲学内容，编入教材，增强同学们独立思考、创新意识、理论联系实际的能力。

随着科学技术的发展，传统技术似乎离我们越来越远，传统技术在人们心目中逐渐淡化、被遗忘之时，在国家提倡工匠精神号召下，笔者从懵懂少年学生时起，长期生活在生产一线摸爬滚打，以平凡劳动者心态，锤炼个人的意志，走上一条传统与现代科学相结合的成功之路，用笔触书写成长经历，留给后人。

目　录

1　运用管理科学使砌砖作业科学化，以达到提高质量、提高效率、降低劳动强度的效果

——“二三八一”科学砌砖法

砌砖技术在我国有着悠久的历史。新中国成立30多年来，在砌砖工艺上经历过多次重大改革。从20世纪50年代起我们就总结了一些砌砖先进操作法加以推广，操作技术有了很大的发展。但是就全国而言砌砖技术的发展是不均衡的。首先在砌砖方法上尚且不能统一。由于砌砖质量本身具有很大的可迁就性，以及习惯姿势的影响，使砌砖质量的差距达到惊人的程度；其次，在施工管理方法上缺乏科学性。往往以传统习惯和施工管理者的实际经历为由，进行施工指挥，带有极大的随意性，管理方法尚无统一的作业标准；第三，对砌砖工程质量注重表面的多，内在的少。就我们常说的优质品，它的结构强度是否达到设计强度值，无从用数据表达。特别是砖混结构抗震性能，对砌体结构提出新的质量概念——抗剪强度，在检测方法上仍是空白。由此而引起对砌砖工程质量的控制问题，一直没能得到解决。

那么，砌砖作业有无科学性？砌砖工程质量能否实现控制？砌砖技术能否突破传统习惯的束缚，向新的高度迈进等问题，是大家共同关心的问题。

针对上述的问题，我们在总结过去砌砖管理经验的基础上，学习和运用管理科学，对砌砖进行了研究和分析，做了一些工作。取得了以下的初步效果：

(1) 对砌砖作业标准化的研究：以网络图式剖析砌砖作业全过程中，各工序间的相互关系。以质量、效率、劳动强度为中心，定出全员作业内容共100条，经北京铁路局基建处批准列为企业标准，于1982年7月在局工程处各工程段进行试行。为了培训需要，编写了《砌砖工作业标准化问答一百例》，以“为什么”的方式解释作业标准。

(2) 提出消灭砌砖工程质量通病16项，并提出防治办法。已编入《建筑工程质量通病防治手册》第七章，由中国建筑工业出版社出版。

(3) 运用劳动生理学对砌砖动作进行研究。以总结20世纪60年代以来一些砌砖能手的优秀手法，用统筹方法组合成一套符合人体生理活动规律的砌砖动作。有利于降低劳动强度，提高砌筑效率。

(4) 用“四阶段砌砖基本功训练法”，对青年工人进行技术培训，从1978年至今共举办八期培训班，培训学员320名，解决了两个施工单位因瓦工短缺砌砖工程质量上不去的矛盾，并分别在天津、北京、石家庄等地开展作业标准化讲座

和砌筑技术表演，参加人次1800人。四阶段培训以青年工人为对象，经过三个月培训即能砌出质量良好的墙体，从而改革了瓦工技术长期以来一直以一个师傅一种传统的落后学艺方法，达到速成培训的目的（经三个月训练的青年工人考核，日砌筑量达到1500～1700块砖，质量合格）。

（5）提出用动作规范实现对砌筑质量控制的设想：在实现瓦工统一砌筑手法之后，使砌筑质量由人的操作因素向量的方向突破。

（6）对瓦工砌砖劳损的防治：调查20世纪50～60年代的瓦工，多数患有不同程度的劳损疾病，其中以腰肌劳损为多。如何应用正确的动作和采取一些有效措施，使砌砖劳动强度控制在疲劳限度以内，从而设想一个青年瓦工从事于砌砖15～20年不发生劳损现象的可能性。

对上述6项工作的研究经历了许多复杂过程，涉及多方面因素。本文重点汇报两个方面的问题：

一、砌砖的规律性和作业标准化的形成

（一）砌砖的规律性

砌砖有无规律？我们往往被一些不同的施工方法和形式繁多的砌砖手法所迷惑，难以寻找其规律所在。只有在大量的调查和观察之下，才能找到它的规律。

（1）生产方式的多变性重复性：砖砌体由于产品的固定，使整个生产过程中都处在流动环境中。砌筑由低到高，由一步架砌到二步架，人的砌筑动作每时每刻都处在“动”与“变”的过程中。但是这种变化是有序的，依照一定方式进行，变化规律是循环和重复。

（2）砌筑是合于统一目的的劳动，不论用什么工具和砌筑手法，必然能找到最佳砌筑方法。

（3）砌砖复杂技巧是由若干个简单动作所组成。在消除多余动作，简化动作过程，形成复合砌筑手法，有利于降低劳动强度。

（4）施工管理及组织工作的规律性。例如：多层砖房的砌筑。每层都是同类性循环。从操作人员的安排、砌筑位置的变换、施工机具的配备、材料供应路线等，都有自己的规律可循，使管理人员很自然地形成P、D、C、A的循环。

还有其他规律可循。我们探索规律性的目的在于掌握它，运用现代管理技术改造砌砖工艺，为实现质量控制和提高经济效益服务。

（二）作业标准化的形成

砌砖究竟要完成多少作业？我们不妨从网络图的形式，对砌筑全过程进行一次剖析。按照全面质量的五大要素人、机、材、法、环进行排列，大致可以排出100多个项目。这些项目与质量、效率、劳动强度三者都有着联动关系。用5W1H来分析和解释实现这些项目的必要性，并制定相应的措施，这是件十分

有意义的工作。例如湿砖的作用。在没有了解其内在关系时，易于被人们忽视。湿砖的科学性有哪些？湿砖能冲去砖表面的粉尘，增强砖与砂浆面的接触；湿砖需提前一天浇湿，砌筑时砖的表面应略见风干，能吸收砂浆中多余水分，提高砂浆密实度和砖层之间的吸附粘结。以砌体对角线抗剪强度试验结果表明：干砖与湿砖所砌的墙体抗剪强度差50%，表面略见风干的砖能保护操作者手指减少受浸和磨感；湿砖能使砌在灰缝中的砂浆有良好的潮湿养护环境，防止砂浆早期脱水，有利于砂浆强度的提高；用浇湿的砖砌墙挤浆容易，比用干砖砌墙提高效率10%左右。这些道理讲清楚了，操作工人很自然乐意做好这项工作。其次是改变过去把质量好与坏归集于瓦工操作技术上，忽视非技术工种对质量的影响。例如前面提到的湿砖，还有砂浆的和易性，供料的供好、供准、供足等都是非技术性工作，却对砌筑质量、效率影响很大。把这些工作都作了明确分工，落实到人，形成砌砖全过程的联动线，不因某一方面失调而影响效益。第三，针对砌砖工程中长期没有得到很好解决的质量通病，以及规范中提得不够确切的内在质量问题，如砖层之间粘结强度、竖缝砂浆饱满度、砖柱包芯砌法，墙体留岔等问题，都提出切合实际又方便于施工操作的解决办法。第四，把砌砖动作作为规范条文列入作业标准中，这是一种新的尝试，实践证明是可行的。这部分内容将在动作研究中作详细介绍。

将网络图中100多个项目用条文形式编写成“砌砖工程作业标准”凡参加施工操作的管理人员和生产班组的全体成员，都有规定的作业标准。大家都遵照标准要求完成作业，工程质量就能得到控制。

（三）开展作业标准化的作用

(1) 使各个专业分工明确，把各部门的工作有机地联系在一起。了解完成作业的意义和其他部门的关系，消除真空（无人管）地带，防止用跳跃工序的办法完成任务。

(2) 用作业标准要求检查工作。检查内容明朗不拖泥带水，使管理人员和操作人员之间责任明确、相互制约、相互促进、共同提高，消除扯皮和似是而非。

(3) 作业标准是领导干部学习业务的好帮手，也促使领导了解我们从事的业务工作的具体内容和意义，从而使领导的工作方法改变为具体的而不是抽象的停留在一般号召上，使指挥生产有方。

(4) 作业标准是推动技术革新、改进操作方法的引线。作业标准中有些规定需要不断提高，或通过技术革新、技术攻关方法加以解决。

二、砌砖动作研究

当前我国工业正处在以提高经济效益为中心的伟大改革时期。向科学技术进步要质量、要效率。作为建筑业传统的砌砖手工作业，以什么方式投入这场改革运动，这是大家所关心的。显然再用拼体力、搞疲劳战术是不适宜的，在这方面我们曾走过不少弯路。

众所皆知，砌砖工程质量和效率，取决于瓦工操作技术熟练程度、责任心和疲劳程度三要素，关键在于提高瓦工操作技术水平。为了探索砌砖作业的科学性，我们运用劳动生理学对砌砖动作进行研究。劳动生理学是研究人体在劳动过程中所产生各种生理变化和进行各项劳动时环境条件的科学。掌握这门科学是为了防止疲劳，提高工作效率。

那么砌砖活动的人体有哪些生理变化特征呢？通过长时期的观察和分析，从一些砌砖能手的操作特长中，可以发现砌砖动作具有合乎人体生理活动规律的特性。我们运用统筹方法取各路砌筑手法之长，即以最少体力消耗消除多余动作，进行兼并、简化组合成“二、三、八、一”动作，即：二种步法、三种弯腰身法、八种铺灰手法、一种挤浆动作。

（一）步法

采取拉槽砌法：人背向砌筑前进方向。砌筑初始站立成丁字步，后腿紧靠灰槽。丁字步边铲灰边拿砖—转身铺灰挤浆。仅以人体重心在前后腿之间来回摆动，就可以完成1m长的墙体砌筑；当砌至近身处，将前腿逐渐后撤成并列步，砌筑时以后腿为轴心，前腿随转身铺灰之际稍有变动，又可完成50cm长的墙体。砌完1.5m长墙体后，后腿向后撤一大步，靠近另一灰槽处，而又成丁字步，继续完成上述砌筑动作。这样周而复始交替而有节奏地完成砌筑动作，疲劳不易产生。由于一步半正好完成1.5m长的墙体砌筑，因此灰槽的布置间距也以1.5m为准，灰槽间放置双列排砖。

（二）身法

指弯腰动作的变化规律。腰部动作是随步法而定，当站立成丁字步后腿靠近灰槽是为了便于铲灰。铲灰采用侧身弯腰动作，用后腿微弯、斜肩、垂臂（此时身体重心在后腿）。稍一侧身即可完成铲灰动作，同时应完成拿砖。由于动作是在瞬间完成，腰部劳动强度很轻微。侧身弯腰形成一个趋势，转身时利用后腿的伸直，将身体重心推向前腿，形成丁字步正弯腰进行铺灰砌砖。当砌至近身处前腿后撤，使砌筑侧身弯腰转身为并列步正弯腰，这样使弯腰动作由腰、腿、肩多部位肌肉组成的复合动作，使原砌筑单一弯腰动作由三种不同的弯腰身法交替活动，有利于减轻腰部劳动强度。

（三）手法

砌砖是由离身较远至近、由低向上砌筑的过程。砌筑时又有砌丁砖和砌条砖的变化，因此砌筑铺灰的手法也应随之而变。铺灰手法有八种：砌条砖有甩、扣、溜、泼；砌丁砖有扣、溜、泼、一带二。这八种铺灰动作具有动作简单、灰条一次成型的优点。这样使动作迅速，相应减少弯腰的静停持续时间，同时做到步法不乱。在完成铺灰时难免会发生落灰点不准情况，应采取“压带”辅助动作，用砖面来复正灰条位置，减少铺完灰又刮浆多余动作。

(四) 挤浆时还应采取“揉”的手法

利用手指揉动砖产生轻微的颤动，使砂浆受振液化。砂浆的颗粒完全浸入到砖的粗糙表面，再加上砖的吸水作用，形成吸附粘结，使刚砌好不久的墙体就有良好的粘结力，有利于提高墙体抗剪强度。在“揉”的过程中，还能使一部分砂浆挤入竖缝内，同时补充下层砖竖缝挤浆不满部分。这样使砖块横竖灰缝中的砂浆都能饱满，提高了砌体强度。

将“二、三、八、一”动作列为作业标准。如果所有的瓦工都具备这样的操作水平，砌筑质量即能达到控制的目的。我们把“二、三、八、一”称作为砌砖动作规范。

“二、三、八、一”动作规范的特点和用途：

1. 简化砌砖动作过程，消除多余动作

提高砌筑效率：劳动生理学中指出：人体在劳动时肌肉作业所消耗的能量并非完全用于做功。根据实验结果，人体肌肉作业的工作效率在15%～30%之间。大部分变成热能而丢失。因此消除多余动作是提高砌筑效率最有效的途径。

2. 采取复合动作

原来砌砖需要用11～13个单一动作砌一块砖（其中包括一些多余动作），动作规范用4个复合动作完成。使砌砖由繁多的动作变为轻捷而有节律的劳动。有利于劳动强度的减轻。

3. 消除单一肌肉动作负荷过度而产生的疲劳

每一个动作过程都是由多部位肌肉联合动作和交替负荷，使肌肉活动获得间歇，疲劳的恢复在砌筑过程中自行完成。如多种铺灰手法交替动作，砌筑弯腰和手臂劳动强度的强弱互换，使体力消耗得到均衡，使砌砖劳动强度控制在疲劳限度以内。有利于瓦工的健康保护。

4. 采取合宜的砌筑速率

由于砌筑动作的连贯性，使前一动作成为后继动作的条件刺激，无形中会加快动作的速度。考虑到砌砖是持续8h的作业劳动，任何过快或过慢的动作，其劳动强度都是高的。根据对熟练的瓦工考核，宜采取每分钟7～9块砖的砌筑速率。

5. 实现对砌筑质量的控制

由于砌筑手法统一，提高了砌体的匀质性，如铲灰量准和铺出灰条均匀，使砌出墙体灰缝均匀、砂浆饱满；挤浆采取“揉”的手法，提高了砖层之间的粘结力。这些都能对砌筑质量作出根本的保证。

6. 提出瓦工技术速成培训法

“二、三、八、一”动作具有简单易学的特点。用“四阶段基本功训练法”，对刚入厂的青年工人进行技术培训，三个月即能砌出符合质量要求的墙体，达到速成的目的，从而改变过去“一个师傅一种手法”的落后学艺方法。“二、三、

八、一”也适用于具有一定操作水平的瓦工培训。

经过对砌筑动作科学分析，使之成为入门不难的操作工艺。当然要成为一名优秀的瓦工，尚须勤学苦练，提高操作技巧，使自己身体素质适应砌砖作业的需要。为了证实砌砖在规律动作中对肌肉劳损的防治作用，我们曾请教天津医科大学邢教授，对动作规范进行肌电图测定，证明“二、三、八、一”动作规范是符合人体生理活动规律的，对减轻劳动强度和劳损防治有积极作用。在对全国著名砌砖能手张华堂进行腰部检查时，发现胝棘肌完好，其健康程度超过一般正常人。可见长期处在规律性劳动中，有利于健康的增长。张华堂是从事于砌砖 20 余年工龄的瓦工，健康完好未发生任何劳损情况。由此推想在对青年工人一开始就加强基本功适应性锻炼和健康保护措施，实现 15～20 年从事砌砖劳动不发生劳损是有可能的。我们在对青年工人技术培训结业大运动量考核中，以 6.5h 砌完 2250 块砖的作业中，始终保持旺盛的精力，未发现有过度疲劳现象。如果新培训的瓦工都具备这样的作业基础，那么在完成正常生产定额规定的砌砖量，是件十分轻松的工作。

除此以外，在日常生产中对日砌筑量的安排，应以半日完成一步架二区段作业制和对经过专业培训的青年瓦工实行技、壮轮作制，都是有利于砌筑效率的提高和劳动强度的降低。

三、体会

几年来在对砌砖工作的研究取得一些成果，是在各级领导的重视和支持下获得的，首先是深受广大工人欢迎和支持。当前我国砌砖工程仍是量大面广，瓦工的短缺是普遍存在的。因此改革砌砖工艺加速培养新一代瓦工已成为当务之急，对提高经济效益有积极意义，特别是提高砌砖质量对于其他工种质量提高的推动作用。

当然这场改革会受到习惯势力的影响和阻碍，因此我们所进行的工作是缓慢的。有些工作尚停留在设想上，例如对动作规范的研究尚不能结合砌体强度试验，用数据说话；对青年工人的培训，如何继续提高的问题；在管理工作标准化方面尚未实施；还有在作业标准如何纳入全面质量管理的轨道，在生产班组进行循环等工作尚未开展。总之大量的工作还处在初步阶段，有待进一步实践和提高。

2　我国砌砖技术的作业标准化问题

1983年10月在北京举行了全国建筑青工技术比赛大会，这次大会是由城乡建设环境保护部、共青团中央和中国建筑工会联合组织的。参加比赛的112名选手来自全国28个省市自治区，是在全国各地广泛的群众练兵基础上，经过层层严格考核选拔出来的，这次比赛是代表当前各地区砌砖、抹灰青年工人操作技术较高水平的一次集会。有助于我国建筑工人学习先进操作法，对促进建筑业手工操作技术进步有积极的意义。现就这次比赛中反映出的问题谈几点看法。

一、我国砌砖方法的分类

我国目前采用的几种砌砖方法，这次比赛大会基本上都有反映。参加比赛的选手的砌砖方法和使用的工具，都有本地区的特点，由于砌砖技术沿袭手工业传艺的方式，即使使用同类工具，砌筑手法也不尽相同，以使用工具和铺灰方法分，基本上可归结为两大类：

（一）铲灰铺挤法

使用工具主要是桃形大铲和刀铲（仅天津代表队用刀铲），基本属于“三一”砌砖法，即一铲灰、一块砖、一挤揉。这种砌砖法是1956年由北京市建工局首先总结推广使用的，经历20多年的变革，“三一”砌砖法已形成一种比较定型的砌筑方法，在我国许多地区使用（东北、华北、西北等地），由于建筑队伍支援内地建设，有的内地（如湖南代表队）也有使用大铲砌砖的。

“三一”砌砖法工具简单（打砖另配刨锛或瓦刀），适用于任何部位的墙体砌筑，每次铺出灰条正好为一块砖的面积，铺灰后随即挤浆，砂浆饱满度好，碰头缝能挤上砂浆，在挤浆时采取“揉”的手法，使砖的粗糙表面完全浸入砂浆中，形成良好的吸附粘结。这对提高砌体强度，尤其是抗剪强度，对增强砖结构的抗震性能是十分有利的。由于操作者手持大铲连续砌筑，使砌筑动作有较强的规律性，能充分发挥个人的操作技巧，有利于减轻劳动强度，提高砌筑效率。

（二）铺灰摆砌法

先用灰勺、小铁锹或灰桶取灰倒在砌筑面上，随后用瓦刀、镘刀等工具摊平砂浆，铺成厚为1.5cm左右的灰带，长度为1m左右，有的代表队（安徽、浙江）用探尺贴在墙边摊平砂浆，使铺出的灰带有1.5cm的缩口，这样可以减少挤出砂浆，砌清水墙时可以获得整齐的缩口缝。由于灰带铺得较薄．只能摆砌，不能挤浆，用瓦刀敲击砖面跟线找平，使砖沉入砂浆中压薄灰缝。摆砌碰头缝只能靠另打碰头灰或刮取底灰补充，因此横、竖灰缝砂浆饱满度不如“三一”砌砖法挤浆好。

铺灰摆砌法主要工具是瓦刀，有的选手使用双面瓦刀，两面都能打灰条、铺灰、刮挤余浆。铺灰摆砌法是由 2～3 名瓦工，分别铺灰、砌筑，现改为单人砌筑，又铺灰又砌筑，几种工具交替使用，显得有些忙乱，工具放的位置不当时，会增加来回走动次数。

还有一些介于上述两种砌筑方法之间的操作法。有的选手用瓦刀铲取砂浆进行一铲灰、一块砖、一挤揉的砌筑，如甘肃代表队就是用瓦刀（比一般瓦刀宽）铲取砂浆用甩、溜等铺灰手法，把砂浆铺成灰条状，然后进行挤浆，铺灰手法虽较熟练，但不如用大铲铺的灰条效果好。有些选手用瓦刀取的灰量不够一块砖挤浆的需用量，往往砌一块砖取两次砂浆，这样等于每砌一块砖要多增加一次弯腰取灰的动作，增加了劳动强度。还有使用灰夹子取灰的砌砖方法（上海代表队），一次取灰量大约可供四块砖铺灰，放出灰条形状与大铲甩出灰条相同，然后放下灰夹子，拿砖挤浆，另一手持瓦刀接刮挤出余浆，随手甩入碰头缝内（此部分动作形同于“三一”砌砖法）。

在 56 名选手中，用大铲和其他工具砌砖者各占半数，采取铺灰摆砌法的选手不足 1/3。名列前茅的代表队，大多采用铲灰挤砌法，说明“三一”砌砖法在个人操作技巧、砌筑质量和效率方面部胜于其他砌砖法。

二、砌砖操作技巧及动作分析

砌砖是涉及人体各部位肌肉活动的体力劳动，过去总结砌砖方法时较注重砌筑手法，这是不全面的。因为在砌筑过程中砌砖的部位有远近高低之分，还有砌丁、砌条的变化，要求操作者站立的位置、步子移动方向、弯腰姿势及铺灰的手法（即所谓操作者的功架）配合砌筑部位的变化，来完成砌砖操作。这就涉及人体的手、眼、身、法、步的有机配合。20 世纪 60 年代原建筑工程部命名为“张华堂砌砖法”的张华堂本人，掌握了“三一”砌砖法的多种砌筑手法，在一个位置上可以完成 1.8～2.0m 长的墙体砌筑，如同打乒乓球那样，根据“球路”远、近、高、低的变化，变换铺

图 2-1　瓦工技能手协助完成身法动作研究（右笔者，左张华堂）

灰手法和步法，使砌筑动作轻松自如、得心应手，日砌砖 3400 块，质量又好，也不感觉疲劳。

这次比赛中用大铲砌砖的选手虽多，但全面掌握“三一”砌筑手法者并不多见，铺灰手法也仅 3～4 种（“三一”砌砖法的铺灰手法有八、九种），多数选手能较熟练地掌握砌条砖的“甩”和“扣”，砌丁砖的铺灰手法却用得不多，往往是把砂浆扣在砌筑面上，用砖来回搓动去压薄砂浆层，或用大铲摊平砂浆后再挤浆砌砖，有时还辅以敲砖。这就不能适应砌筑部位变化的需要，因为铺灰手法的“甩”适用于砌低而离身较远的部位，在砌近身而高的部位时，势必让身体后退、耸肩提臂完成“甩”的动作，不仅加大了动作范围，打乱步法，铺出灰条也达不到预期效果。如果我们掌握多种铺灰手法，采取“远甩近扣”、“远甩近泼”、“半甩半泼”，在砌身后部位时还可以将手臂伸向身体后部使用“平拉反泼”等手法，身体位置不动，便可完成 1.5m 长墙体的砌筑，动作简化得多，不仅可减轻劳动强度，砌筑效率也能提高。砌筑时的弯腰也是这样：多数选手铲灰、拿砖，铺灰、挤浆，都用同样的低度弯腰，使腰部持续地用单一的动作来完成砌砖操作，容易疲劳。正确的弯腰动作应根据砌筑部位的变化，随步法交替动作来变换姿势。砌筑步法的移动也有规律：应采取“拉槽砌法”，即人背向砌筑前进方向（退步砌），这一点所有的选手都能做到（仅有一名选手是反方向砌），但步法掌握得不好，碎步多，有的没有形成步法。总之，上述正确的传统动作过程，尚未被完全掌握。20 世纪 50～60 年代的优秀瓦工砌一块砖只用 3～5 个动作，而现在有的选手多达十多个动作，从铲灰拿砖到砌完，敲敲打打、又刮又抹、动作繁杂、其中不少动作是多余的无效劳动。又如铺灰手法，要求铲灰量准、铺灰落灰点准、铺出灰条一次成形，为挤浆创造条件。如果不熟练，铲灰量时多时少，铲灰多，铺出灰条厚，挤浆时就要用力来回多次搓动；铲灰少，铺出灰条厚度不够，又要补灰，多做一次弯腰铲灰动作。铺出灰条落灰点不准，不能一次成形，又要做摊平、调整灰条位置的动作。上述动作都是在一手拿砖，弯着腰，腰、腿、手臂等部位肌肉都处在紧张状态下进行的，一个瓦工日砌 1000 块砖以上，这样做体力消耗相当可观。还有一些习惯性的多余动作，并非砌砖所必须：如铺出灰条很均匀，还要再去用大铲刮平；砌好的砖已经跟线就位，还敲击几下；挤出余浆刮一次不够，还来回多次刮等。产生这些多余动作的主要原因是没有真正了解哪些砌筑动作是正确的，哪些多余的，怎样砌才省力，才又快又好。这也是我国砌砖技术沿袭手工业方式传授方法的必然结果。

三、砌砖作业应实现标准化

作业标准化是全面质量管理工作的基础。当前建筑业施工任务十分繁重，民用建筑中砌砖工程量仍然不少，有经验的瓦工陆续退休，瓦工严重短缺现象在一些施工单位中普遍存在，这就要求我们用科学的标准化作业的方法对青年工人进行培训。

砌砖动作的标准化首先是运用现代管理科学对砌砖动作进行研究，把历年来各路砌砖能手的优秀手法加以总结分析，借助于劳动生理学、运动肌肉解剖学的原理，研究各砌砖动作间的相互关系，在消除多余动作（包括不必要的花样技巧）的基础上，运用复合肌肉活动的交替动作，消除单一肌肉用力状态所引起的早期疲劳，将各种最佳动作进行简化、汇总、提炼，重新组合成符合人体生理活动规律的连贯的、具有节律性特点的砌砖动作，即二、三、八、一动作规律（二种步法、三种弯腰姿势、八种铺灰手法、一种挤浆动作，称作动作规范），实现砌砖动作科学化、标准化。其次是用科学方法对青年工人进行培训。由于砌砖是具有较高技巧的体力劳动，培训方法应分泛化——分化——巩固——自动化四个阶段进行训练。通过用正确动作的示范和讲解，从简单的动作开始进行适应性练习，使学员从动作僵硬、不协调、用力不当状态，由大脑皮质中的兴奋与抑制的扩散状态逐渐集中，由泛化进入分化，逐渐做到能较顺利地、准确地完成训练动作。通过反复练习，肌肉运动条件反射系统进入巩固阶段，随着动作技能的巩固和完善，即可出现自动化现象。可以不必有意识地去控制动作进程，如同走路那样自然，不必考虑如何迈步，如何维持身体平衡等，用条件反射来完成砌砖动作。完成上述训练需用三个月时间，使学员初步掌握砌砖技能，可以参加实际砌墙操作，在师傅带领下不断提高熟练程度，同时学习砌角，摆底，留、接槎等项目，半年后达到二级瓦工的技术水平。

训练课目中的每个动作均要求学员在低度弯腰条件下进行成百上千次练习，包括一些难度较大的动作练习。例如将灰条甩在 5.3cm 宽砖的条面上，而不发生落地灰等，掌握全套动作规律后，还应进行大运动量砌筑练习（最好是砖基础砌筑），日砌筑量超定额一倍，这样才能使动作巩固。由于砌砖本身就是肌肉运动，训练结果不仅可提高砌砖技巧和适应能力，还有利于提高身体素质。1976 年在对瓦工腰肌劳损情况调查中，曾对砌砖能手、从事砌砖劳动 20 余年的老工人张华堂进行肌电图测定，发现其腰部肌肉完好，骶棘肌健壮程度超过一般正常年轻人，证明正确的砌砖弯腰活动不会发生腰肌劳损。砌砖操作要在 8h 内持续进行，在熟练程度提高后（进入自动化以后），会无意识地加快动作过程，使身体一部分能量消耗于克服肌肉黏滞力，转化为热能而过早产生疲劳，因此要有稳定的砌筑速率，一般以每分钟 7～9 块砖为宜。

从 1978 年起，我们用标准化动作规范和上述训练方法对入厂青工进行了多期技术培训，取得了较好的效果。1983 年 5 月对天津市房管局系统 20 名青年工人进行培训，共训练了 40 天（累计），全体学员都能达到规定的考核指标：较熟练掌握二、三、八、一动作规范，日砌筑量以 6.5h 计为 1300～1500 块砖，砌筑速率 7～9 块砖/h，连续动作为 320 块砖/h，质量合格。可以相信，如果让这次参加全国建筑青工比武大会的选手，接受标准化作业的训练，纠正不正确的动作，那么他们的操作技术水平会有新的突破，成为作业标准化的实施者和真正继承我国砌筑技术优秀传统的新一代青年瓦工，从而全面推进我国砌砖技术的发展。

3　砌砖动作研究和作业标准化

一、研究课题的提出

（1）砌砖作业是建筑业的主要工种，在我国有着极为悠久的历史。由于操作技术的传授是沿袭手工业生产方式“师傅带徒弟”的传统，培养一名技术熟练的砌砖工人，需要数年时间，技术成熟期慢。“师傅带徒弟”是一种近亲繁衍，技术保守，受传统习惯束缚十分严重，操作中夹杂不少粗作陋习，直接影响砌砖质量，是我国砌砖技术发展缓慢，砌筑质量难以控制的根源。

（2）新中国成立以来，虽然对我国砌砖技术做过不少总结，大多是注重于砌筑手法方面，忽视了砌砖作业是一项涉及人体手、眼、身、法、步全身规律性，技巧性的体力劳动。特别是砌砖频繁的弯腰活动，操作到一定年限，使大部分瓦工患有腰肌劳损等职业性疾病，劳损疾病一旦发生，瓦工作业生命就此结束，迫使一些有经验的砌砖能手中途弃业，实为建筑事业一大损失。

（3）砌砖作业过程包含着大量多余动作、据统计砌一块砖的动作最多达 18 个，一般的也要做 11～13 个动作，使砌筑者 70％以上的体力消耗于无效劳动。大部分瓦工难以坚持八小时持续作业。多数是处在疲劳状态下完成国家定额，不仅效率和质量下降，也是导致劳损的原因之一。

（4）砌砖施工是以传统管理为主，管理者（工长）大多由工人提升上来的，管理方法缺乏科学性，凭借个人局限经历指挥生产，惯于用加班加点、搞人海战术来完成生产任务，管理方法带有极大的随意性（以拼体力，搞疲劳战术完成任务，在目前建筑业中仍是十分盛行的）。人们的习惯和对砌砖工程质量的测试上，注重表面的多，内在的少，有些内在质量的测试仍是空白。就全国而言，由于操作方法不统一，因此也就难以建立统一的作业标准。

（5）10 年动乱加上过去我们在工作指导方针上的失误，盲目提出了要革掉“秦砖汉瓦”，砌砖技术长期不被人们所重视，使一些好的传统丢掉了。还有社会风气对瓦工职业轻视，“泥瓦工”社会地位低下，一般青年不愿干这一行。以上原因致使瓦工严重短缺，施工队伍素质下降。近些年来，砌砖房屋质量事故屡有发生，有些地区砖结构房屋发生严重倒塌，是我国历年来十分罕见的事故，这些情况与上述原因是直接相关的。结合我国国情，砌砖仍是建筑结构主要形式之一，今后将是个发展趋势，当前在民用建筑方面 80％以上是砖结构，瓦工的短缺和量大面广的砌砖工程已形成十分尖锐的矛盾，由于砌砖质量和效率上不去，也影响到其他工种质量和效率的提高，必然会影响到建筑业的经济效益。

近几年有成千上百万农民包工队进入城镇承包施工任务，有力地支援了国家建设，这固然是件好事，但是也应该看到这支队伍并非都是能工巧匠，施工方法不讲科学、缺少管理知识，质量粗糙等情况普遍存在。

当前我国工业企业正处在一个伟大改革时期，党中央提出要在20世纪末工业产值实现翻两番的伟大目标。以手工业为主的建筑业，将以什么姿态去迎接这场挑战呢？我们必须用科学的态度认真对待之。从现时起从对工人的技术培训，一直到整个建筑业的体制和管理，进行一场彻底的改革。笔者以自己切身实践的经历，首先对砌砖工艺提出一套改革设想，即本研究课题《砌砖动作研究和作业标准化》提请申议。

二、砌砖动作研究

在以总结我国优秀砌砖技术的基础上开展动作研究，其方法区别于20世纪初美国管理学者泰勒·吉尔布来斯以提高劳动生产率为中心的动作研究，而是把研究重点放在确保操作质量和降低劳动强度上，在此基础上极大地争取提高劳动生产率。我国地域广阔，各地区都有自己传统的砌筑方法，这为研究工作提供了极好的条件。通过长期的观察，系统地分析了各类砌筑方法的特长，笔者选择了近20名砌砖能手作为研究对象，集各家之长，借助《劳动生理学》《运动解剖学》的原理，总结砌筑过程人体手、眼、身、法、步生理活动规律，重新组合成一套符合人体正常生理活动规律的砌砖动作，即“二、三、八、一”砌砖动作规律：

“二”是指两种步法，根据砌筑部位离身远近的变化，要求砌筑者步子不乱，仅以身体重心在两腿之间来回摆动完成砌砖作业；

“三”是指三种身法，砌筑者按照铲灰、拿砖、铺灰、挤浆和砌筑部位离身远近高低的变化，用三种不同的弯腰动作完成砌砖作业，用腿部、肩部的肌肉用力配合弯腰进行复合肌肉群的交替活动进行操作，强制瓦工改变用单一弯腰动作进行砌砖习惯，有利于减轻腰部劳动强度和健康保护。

“八”是指砌砖铺灰手法，根据砌筑部位远近高低、砌丁、砌条的变化，配合步法、身法，采用八种铺灰手法。要求砌筑者站在一个位置上，用不同手法进行前后左右的铺灰操作，打出灰条一次成形，没有多余动作，身体位置不动，可以砌完1.5m长的墙体。

“一”是指一种挤浆动作，用“揉”的手法挤浆，以柔克刚，使砖块产生微颤，克服砂浆颗粒之间的摩擦阻力，易于压薄灰缝，减轻手指夹持砖的用力和应感。

我们把“二三八一”动作规律称作砌砖规范动作，用规范动作砌砖能使身体各部位用力均衡，而且是有规律地周而复始地活动，能消除疲劳。其次是每一个动作过程都是为确保砌砖质量服务的，从而形成用规范动作砌砖就能实现质量控制目的。第三是消除多余动作，把繁杂砌砖过程由原来18个动作砌一块砖，降低到3

～4 个复合动作，比美国吉尔布来斯由 18 个动作减少到 5 个，还少了 1～2 个，从而极大地减轻瓦工劳动强度，提高砌砖效率。

三、"四阶段"速成训练方法

砌砖规范动作另一个特点是简单易学，把砌砖作业复杂的技巧变为入门不难。众所周知，任何复杂运动过程都是由若干个简单动作所组成。"二三八一"动作规范经过分解，也是由若干个简单动作组成（在动作研究时已经做了大量的动作简化工作），这为速成培训提供了有利条件。把《运动解剖学》中肌肉运动技能形成原理：泛化—分化—巩固—自动化的四阶段，移用于对青工进行砌砖技术训练，是完全适用的。训练方法是由简单动作开始，像训练运动员那样，每个动作进行成百上千次的练习，熟练后逐步过渡到复合动作和全套的砌砖规范动作的练习。其结果使接受训练的青年工人，进入大脑皮层条件反射地连贯动作，自动化砌砖，达到速成目的，并且把训练砌砖技能同训练提高适应砌砖作业的身体素质，同时并进。当然训练的过程是艰苦的，每天要经受 3000～5000 次的练习，还要考查，一般经 3 个月的训练，即能掌握砌砖操作基本技能，能独立上岗砌筑。

四、瓦工作业健康保护和疲劳控制

笔者在进行砌砖技术调研中，发现具有 10～15 年砌砖工龄的瓦工，多数患有不同程度的劳损疾病，其中主要是腰肌劳损，指腰背部骨棘肌、腰背筋膜等软组织的损伤，严重者丧失劳动能力，不少名手由于劳损而退出砌砖岗位，这不仅是企业损失的问题。从感情上来说，一个为国家建设付出劳动的工人，晚年要在劳损病痛中度过，这同我国优越的社会制度、保护劳动者健康的宗旨相违背的。因此瓦工作业的健康保护的和劳损的防治，是关系到广大瓦工身体健康的大事。

产生劳损的原因主要是作业动作姿势不正确，长期用单一肌肉动作砌砖；经常性的加班加点，处在极度疲劳状态下作业；缺乏健康保护常识，腰部受风寒等所致。

防范措施：

（1）改变过去瓦工用单一动作、单肌肉活动方法砌砖的习惯，用"二三八一"动作规范即复合肌肉群交替活动的方法进行砌砖，使砌砖动作有节律性，符合人体正常生理活动规律，有利于消除疲劳而获得健康保护。

（2）改变瓦工惯于用静态动作进行砌砖，使部分肌肉长时间维持张力，易于较早地出现疲劳或肌肉产生畸形。"二三八一"是采取动态不平衡的动作规律，强迫砌筑者进行身体重心来回摆动交替动作进行砌砖，延缓疲劳出现的时间，取得健康保护的效果。

（3）利用砌筑高度由低向高变化的规律，调节手臂和腰部肌肉用力的强弱互换，均衡体力消耗，提高肌肉做功的效率。

（4）采取合宜的砌筑速率，经过速成训练的青年工人，每分钟砌砖速率可达11～13块砖，这个速度是偏高的。因为任何过快、过慢的砌砖动作。其肌肉作业效率都是低的。动作过快会使大部分体力消耗于克服肌肉的黏滞性上，转化为热能消耗掉；慢动作使肌肉过多地维持张力，坚持不了多久，同样较快出现疲劳。根据对砌砖技巧比较熟练的瓦工作长期观察和测定：合宜的砌筑速率每分钟砌7～9块砖，这是指挂线后开始砌筑的速率。

（5）瓦工作业面的分配，采取“两区段作业制”。即对每个瓦工日作业量安排，以日砌两个一步架为好，这样把砌筑初始劳动强度较大的低度弯腰，分在两个区段中完成，并且安排在早晨刚上班时和午休后人体精力较充沛的时间内。“两区段”作业制可以缩短低度弯腰作业的持续时间，腰部活动在未进入疲劳之前，弯腰劳动强度已经变弱，使疲劳在作业过程中自行消失，使砌砖作业劳动强度最大的弯腰动作，控制在疲劳限度以内。

（6）技、壮轮作制，改革现在瓦工生产班组技工（砌筑）和壮工（供料）严于分隔的制度。从现时起对于同时进厂的青工进行整建制培训，使全班组的工人都掌握砌砖技能。把砌砖同供料两部分工人定期轮换，技、壮建立平等互助的工作关系。由于定期变换作业内容，不仅有利于鼓励青工学习砌砖技术，对于长期做砌砖弯腰作业的瓦工，能得到一段缓介腰部肌肉活动的时间，有利于腰肌劳损的防治。

（7）加强对瓦工健康保护常识的教育，建立劳损疾病防治机构，定期检查发病情况，及时治疗。在全面开展用科学方法训练瓦工之后，可以在短期内造就成千上万名瓦工，使瓦工作业不再成为短缺工种，到那时可以建立瓦工专业任职期的年限规定，到期更换工作岗位，使劳损发病率降到最低。

五、在我国全面推行砌砖作业标准化

通过对砌砖动作研究，提出了用规范动作训练新一代瓦工的速成方法。这为在我国统一砌砖操作方法实现作业标准化打下了良好的基础。但是用全面质量管理的观点来分析砌砖作业，仅仅解决人的操作技术还是不够的。运用网络图式对砌砖作业全过程进行剖析，把砌砖作业所需完成的作业内容，按照人、机、料、法、环五大要素进行排列，大致可以排出100多个项目，这些项目对砌筑质量、效率都有着联动作用。用5W1H的方式分析每个项目完成的必要性和标准做法，用条文形式编写成作业标准，同时把动作研究的成果——“二三八一”砌砖规范动作也列入作业标准，凡参加施工的管理人员和生产班组全体工人都有规定的作业内容和标准做法。大家都照此办理，质量即形成控制，生产效益就能大幅度提高。

六、效益

多年来笔者从事于砌砖技术研究，得到了有关部门的支持和广大工人的热情帮助，取得了较大的进展。在城乡建设部建设管理局的指导下，做了大量的宣传和讲学、培训工作，使这一成果得到更多的实践和验证机会，使之不断充实和提高，进一步证实：由我国劳动人民智慧积累而成的传统技术，包含着大量科学性的潜力能量，一旦同现代管理科学相结合，短期内即能取得良好的经济效益。

自1978年以来笔者除了在本系统内开展培训工作外，还接受了外单位的培训任务，先后举办了12期培训班，培养了500余名"二三八一"新一代瓦工，回到生产岗位大都已成为技术骨干。以天津铁路工程公司、天津市房管局、煤炭部建筑安装公司、铁道部第一工程局等单位培训成绩尤为突出。天津市房管局接受40天训练的学员，随即赴哈尔滨市进行砌砖标准化作业观摩表演，市建委组织了77个施工单位的瓦工参观，博得大家的好评。培训结业后把20名学员组织成科学砌砖小组，用全面质量管理方法推进操作技术提高，学员们进步很快，一年后参加全国第七次QC小组成果发表会，荣获全国QC优秀小组称号；天津铁路工程公司46名学员，接受45天、77天训练。经考核日砌2250块砖（以6.5h计），质量合格。该公司将46名学员分成两个青年瓦工班，独立承建两幢住宅楼的砌砖任务，平均效率日砌1500～1700块砖，质量合格率83%，被评为公司先进班组；煤炭部科学砌砖培训班、铁道部一局出国劳务瓦工培训班，都取得同样效果。笔者还在农民包工队中开展了培训工作，接受训练的青工学习非常刻苦，利用班前班后空隙时间练习手法，一个多月后就能独立砌墙，日砌1500块砖以上，在一次比武考核中日砌2860块砖（24墙），突破了历次培训班最高纪录，参赛学员连续大运动量砌砖两天，无显著疲劳感（第三天照常工作）。这样使这些学员在完成国家定额日砌1000砖任务时，只需用3h左右，对他们来说是件十分轻松的劳动。同时我们在农民包工队中间开展标准化作业管理，同样取得较好效果。笔者以五个技术素质和管理水平较差的农民包工队，作为试验对象，开展质量教育和培训，用标准化作业组织施工，砌砖质量有了很大提高，使原来合格率低于70%，三个月后全部达到合格以上，平均每月递增8%～10%，也带动了其他工种质量的提高，质量通病由17项降到3项，三个包工队获质量文明施工优胜红旗，生产效率提高了20%左右。

为了进一步考查接受"二三八一"速成训练学员的操作水平，1985年6月由城乡建设部、中国建筑工会组织，1983年全国建筑青工技术比赛青年瓦工选手前四名和天津市一、二名组成的代表队为一方；以接受"二三八一"训练的青工为另一方，开展了观摩表演比赛活动。

实测数据表明：经"二三八一"速成培训的青年工人，不论砌筑工龄长短（最长的三年，最短的才四个月），质量、效率同全国选手相比是十分接近的。当然也有差距，在清水墙的选砖、摆缝、跟线平直度方面的基本功不如国手，尚须继续提高。统计表见表3-1，优秀青年工人如图3-1、图3-2所示。

全国优秀青年砌砖能手/“二三八一”速成培训学员 操作技术完成指标统计表 表 3-1

序号	姓名	工作单位	技术等级	年龄	身高(M)	技术状况	质量检查记录						砌筑效率		
							垂直偏差±5mm	墙面平整5mm	水平缝平直度7mm	水平灰缝厚度±8mm	清水墙游丁走缝20	砂浆饱满度80%	砖数	完成时间	每小时砌砖数/个人
1	钱长乐	中建一局二公司	4 砌筑工龄10年以上	30	1.78	全国比武第一名	−1	3	1.75	−6	3.5	100%	738	60min	369块砖/小时
2	崔　阳	大连一建	4 10年以上	28	1.74	全国比武第二名	0	3	3.5	−5	5	100%			每分钟最高砌筑速率12块砖
3	曹国发	河北省四建	5 10年以上	30	1.74	全国比武第三名	0	3.5	2.5	−7	3	98%	756	51min	444块砖/小时
4	刘振忠	河北省二建	4 10年以上	29	1.80	全国比武第四名	0	2.75	3.5	−7	4.5	98%			每分钟最高砌筑速率12块砖
5	韩志晨	天津四建	5 10年以上	30	1.78	天津市比武第一名	−1	2.25	1.75	−3	3.5	99%	620	50min	361块砖/小时
6	梁树振	天津四建	5 10年以上	27	1.80	天津市比武第二名	−2.25	2.25	2	0	4.5	97%			每分钟最高砌筑速率12块砖

续表

序号	姓名	工作单位	技术等级	年龄	身高(M)	技术状况	质量检查记录						砌筑效率		
							垂直偏差±5mm	墙面平整5mm	水平缝平直度7mm	水平灰缝厚度±8mm	清水墙游丁走缝20	砂浆饱满度80%	砖数	完成时间	每小时砌砖数/个人
7	姚良海	天津铁路工程段	2 2年	21	1.72	砌砖集训优秀学员	−3	4	3	−5	混水墙	96%	864	62min	418块砖/小时
8	袁绍伟	天津铁路工程段	2 2年	24	1.70	优秀学员	0	1.5	4	+4	混水墙	99%			每分钟最高砌筑速率14块砖
9	郭建增	天津铁路工程段	3 2年	24	1.76	优秀学员	0	2	4	4	混水墙	96%	768	65min	354块砖/小时
10	苗玉清	天津铁路分局工程队	2 2年	29	1.80	优秀学员	−2	3	5	−10*	混水墙	98%			每分钟最高砌筑速率12块砖
11	丁志杰	煤炭部建安公司	2 四个月	20	1.74	优秀学员	0	5	2	−5	混水墙	100%	628	59min	319块砖/小时
12	赖　彪	煤炭部建安公司	2 四个月	18	1.68	优秀学员	−1.5	2.5	5	−8	混水墙	99%			每分钟最高砌筑速率11块砖

注：* 为超允许偏差检查数据。

图 3-1　1985 年 5 月 10～12 日在北京举办砌筑
技术观摩表演录像大会全体选手合影

图 3-2　陈维伟（左一）与 1983 年全国瓦工 1983 年 10 月技术大赛前 4 名
崔阳（第二名）钱长乐（第一名）梁树振（天津第一名）
袁志晨（天津第二名）刘振东（第四名）曹国发（第三名）

综上所述，开展砌砖动作研究和标准化作业，可获得以下效益：

（1）用“二三八一”规范动作砌砖，砌筑质量可以得到控制，使人的操作质量因素向量的方向突破，从根本上解决砌砖质量难以控制的局面。

（2）经速成培训的青工，半年后操作水平相当于“师傅带徒弟”3～5 年的水平，大大缩短了瓦工技术的成熟期。

（3）消除多余的及有害人健康的砌砖动作，提高人体能量利用率，并实现了疲劳控制。

(4) 砌筑效率可以翻一翻。在组织好施工、合理分配作业面、充分利用工时，砌筑效率比现阶段的水平提高一倍。

(5) 节律性符合人体生理活动规律的砌砖劳动，不仅能防止疲劳，而且有一定的健身作用，能提高操作工人适应于砌砖劳动需要的身体素质，有利于促进瓦工作业的健康保护，降低瓦工职业性劳损发病率。

(6) 用标准化作业方法管理施工，不仅促进砌砖工程质量的提高，也推动了其他工种质量的提高，其综合经济效益可提高20%左右。砌砖动作研究和标准化作业研究的工作方法和步骤，也适用对其他工种的作业研究，提供了有效经验。

4 “二三八一”砌砖动作规范

砌砖是建筑业的主要工种，在我国建筑施工中占有极大的比重。我国幅员辽阔，各地区都有自己传统的砌砖方法，据不完全统计有十几种之多，其砌筑手法的变化更是多种多样。多年来，在技术传授上，一直沿袭着“师傅带徒弟”的学艺方式。近些年来，建筑业瓦工的短缺和技术素质的下降，在一些地区已明显地暴露出来，反映在砌筑质量粗糙，事故屡有发生。要在短期内大量培养新一代瓦工，已成为当务之急。

除此之外，由于砌砖弯腰劳动强度比较大，腰肌劳损等疾病已成为瓦工的职业性疾病。

笔者就此问题运用科学的方法，借助于“劳动生理学”和“运动解剖学”的原理，对曾被推荐为全国学习的、并为我国使用地区最广的优秀砌砖法——三一砌砖法的动作（即一铲灰、一块砖、一挤揉）进行剖析，并汲取20余名砌砖能手的操作特长，以确保砌筑质量为前提，以最少体力消耗、消除多余动作，进行简化、兼并，设计了一套符合人体正常生理活动规律的砌砖动作——二三八一砌砖动作，也就是二种步法，三种弯腰姿势、八种铺灰手法、一种挤浆动作。具体操作方法是：

一、步法

采取“拉槽”砌法，即人背向砌筑前进方向。砌筑初始站立成丁字步，后腿紧靠灰槽，丁字步边铲灰边拿砖——转身铺灰挤浆，仅以人体重心在前后腿之间来回摆动，就可砌完1m长的墙体，当砌至近身处，将前腿后撤成并列步，砌筑时以后腿为轴心，前腿在铲灰后随转身铺灰之际稍有变动，又可完成50cm长墙体的砌筑。砌完1.5m长的墙体后，后腿向后撤一大步靠近另一灰槽近处，复而又成丁字步，继续完成上述砌筑动作（图4-1)。这样周而复始交替有节律地完成砌筑动作，能消除疲劳。

由于一步半正好完成1.5m长的墙体砌筑，因此，灰槽的安放由墙角开始，第一个灰槽离墙角0.8m，其余灰槽的间距均以1.5m为宜，灰槽间放置双列排砖（图4-1)。

二、身法

主要是指弯腰动作的变化规律。腰部动作是随步法而定，当站立成丁字步时，后腿靠近灰槽以便铲取砂浆。铲灰采用侧弯腰动作，利用后腿微弯、斜肩、垂臂

1 砌筑初始人斜站成丁字步，后腿靠近灰槽

2 铲灰，拿砖，侧身弯腰，人体重心在后腿

3 铺灰，利用后腿伸直，转身，将身体重心移至前腿

4 稳砖，挤浆，接刮余浆，成丁字步

图 4-1 步法动作分解

5　砌至近身，前腿后撤半步，成并列步

6　砌身后部位，铲灰，拿砖时前腿后移

7　转身，铺灰，稳砖，挤浆，身体重心还原成并列步

8　转移作业面，砌完 1.5～2 米长墙，后腿移向另一灰槽近处

9　复而又成丁字步，铲灰，拿砖（重复动作 2）

图 4-1　步法动作分解（续）

（此时身体重心在后腿），稍一侧身即可完成铲灰动作，同时完成拿砖。由于这一动作是在瞬间完成，腰部劳动强度很轻微。侧身弯腰使身体形成一个趋势，转身时利用后腿的伸直，将身体重心推向前腿，形成丁字步正弯腰的姿势进行铺灰砌砖。当砌至近身处前腿后撤，使铲灰拿砖侧身弯腰转身为并列步正弯腰，身体重心还原。这样使弯腰动作由腰、腿、肩多部位肌肉组成的复合动作，使原砌砖的单一弯腰动作改变为三种不同姿势的弯腰进行交替活动，有利于减轻腰部劳动强度。

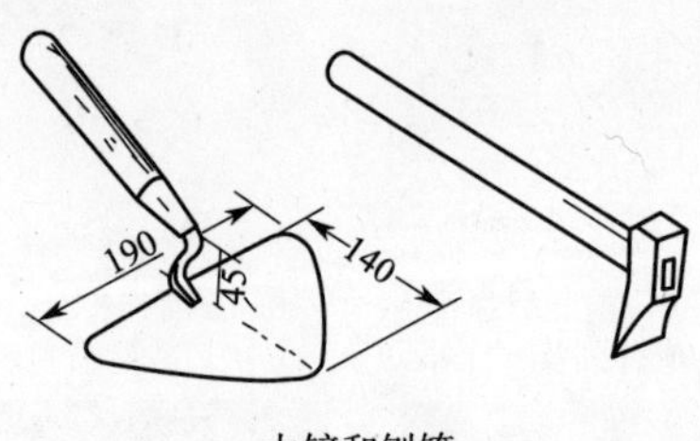

大铲和刨锛

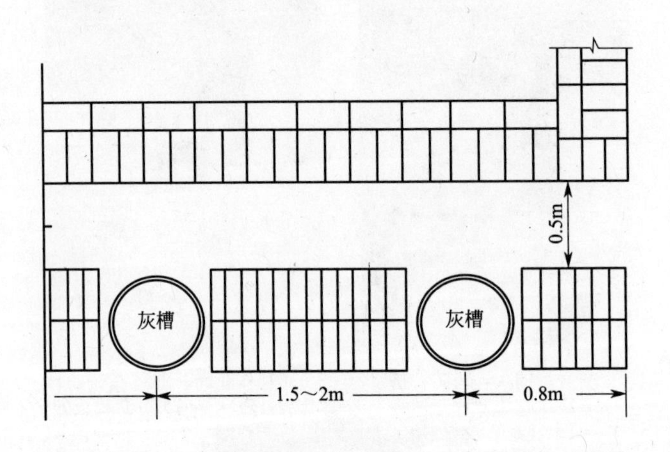

砖和灰槽平面布置

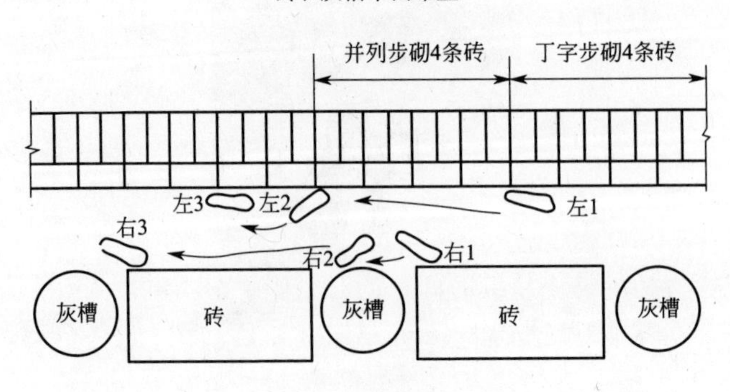

砌砖步法示意图

图 4-2　身法动作分解

1　侧身弯腰，斜肩，后腿微弯，身体重心在后腿，成动态不平衡姿势，促成双手尽快完成铲灰，拿砖动作

2　转身铺灰，挤浆时利用后腿伸直，身体重心移向前腿成丁字步正弯腰，完成铺灰稳砖动作

3　丁字步正弯腰以前腿为中心，维持身体暂时平衡，仍为动态不平衡姿势，促使尽快完成砌筑动作，恢复平衡体位

4　砌至近身前腿后撤成并列步正弯腰，身体重心还原

图 4-2　身法动作分解（续）

三、铺灰手法

砌砖是由离身较远至近、由低向上的砌筑过程，砌筑时又有砌丁、砌条的变化，因此砌筑铺灰的手法也应随之而变。铺灰手法有八种：砌条砖有甩、扣、溜、泼；砌丁砖有扣、溜、正、反泼、一带二，这八种铺灰动作具有简单易学，打出灰条一次成形的优点。这样使完成铺灰动作迅速，上一工序为下一工序创造条件，相应减少弯腰的静停持续时间，同时做到手法不乱。

由于铺灰动作要求做到铲灰量准，打出灰条均匀一次成形，这就要求大铲工具在规格和造型上进行改革，改革后的大铲近似三角形，铲面用带锯钢片制成，重量才 0.25kg，相当于市场供应大铲重量的 1/2～2/3。各种铺灰手法见图 4-3。

1　远甩　适用于砌离身远砌筑面较低部位墙体

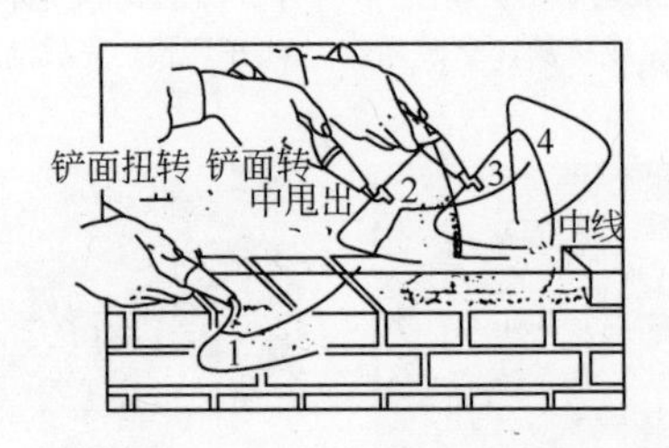

砌条砖“甩”铺灰动作分解（适用于砌离身较远的部位）

2　近泼　适用于砌近身及身后砌筑面较低部位墙体

图 4-3　铺灰手法动作分解

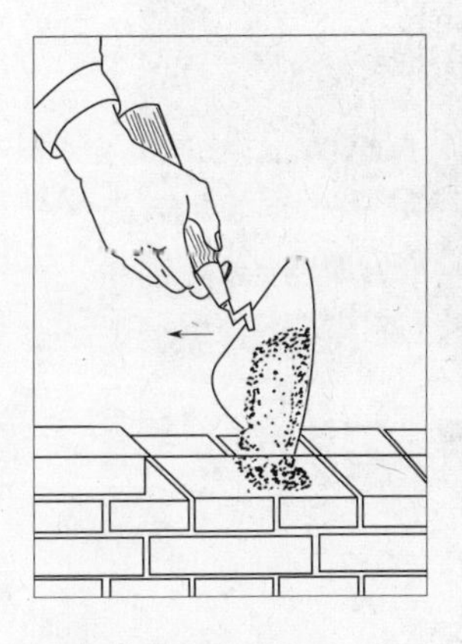

砌条砖“泼”的铺灰动作

3　高扣　适用于砌近身高部位及身后部位墙体

砌条砖“扣”的铺灰动作
(适用于砌离身较近工作面较高的部位)

4　角溜，适用于砌角砖

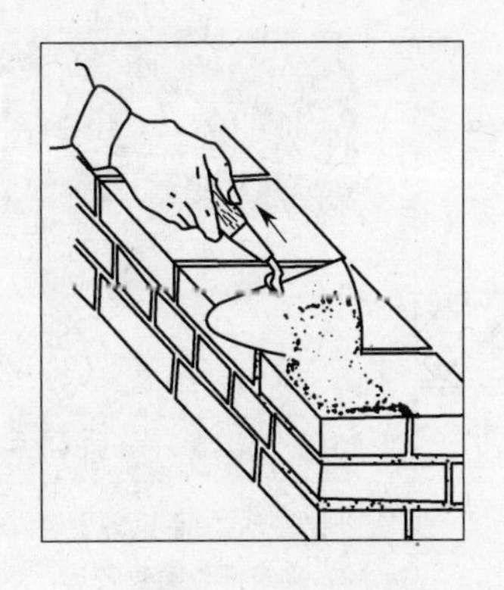

砌角砖“溜”的铺灰动作

图 4-3　铺灰手法动作分解（续）

5　丁扣　适用于砌 37 墙里丁砖，扣出灰条随即刮虚尖，挤浆时使外口挤满砂浆

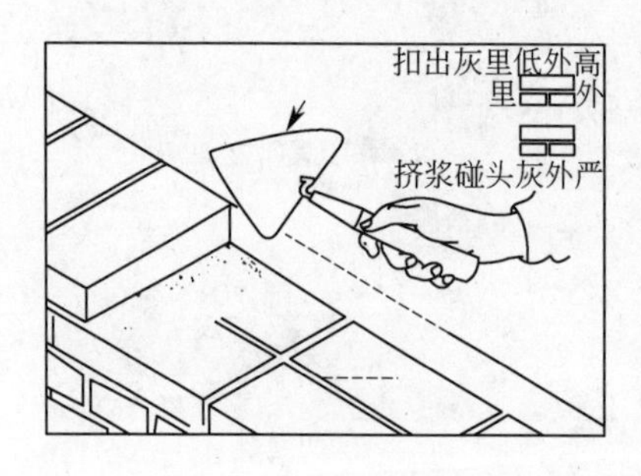

砌里丁砖“扣”的铺灰动作

6　丁溜　砌 37 墙里丁砖（清水墙）缩口缝

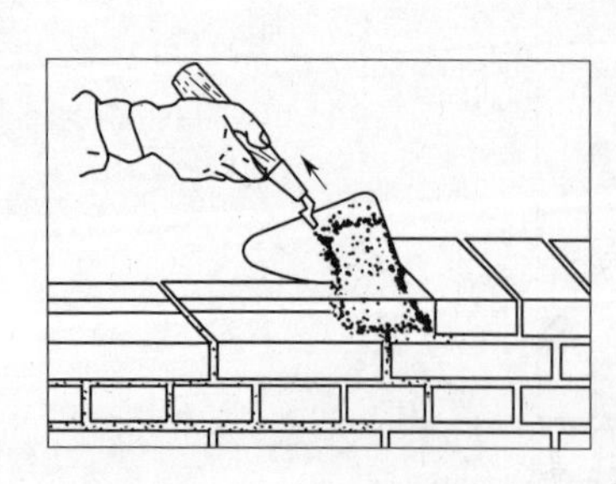

砌里丁砖“溜”的铺灰动作

7　反泼　适用于里脚手砌外清水墙，砌筑部位离身较远，落灰点离墙边 1.5～2.0cm

反泼挤浆手法

图 4-3　铺灰手法动作分解（续）

① （平拉反泼适用于砌离身较远部位）

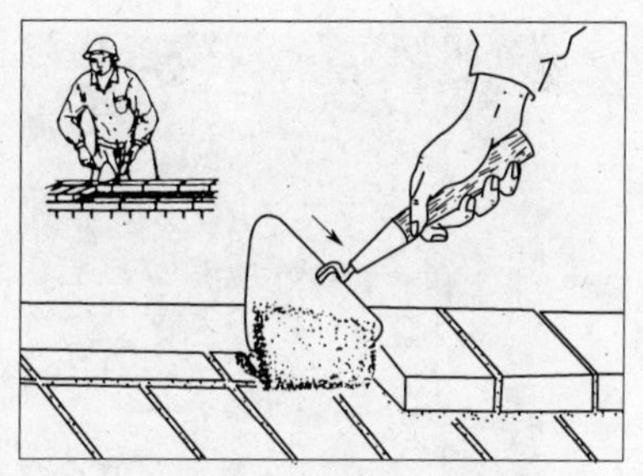

② （正泼，适用于砌近身部位）

砌外丁砖清水墙“泼”的铺灰动作

正泼 （铺二砌三）适用于砌近身及身后部位墙体，铺灰面积为1块半砖

正泼挤浆手法，剩半块砖灰条

图 4-3 铺灰手法动作分解（续）

正泼第二次铺灰1块半砖面积（加上剩余灰条为两块砖铺灰面积），铲灰同时拿起两块砖

将砖放在砌筑面上，先砌上一块砖

再砌第二块砖，形成铺两次灰砌三块砖

8　一带二　铺灰同时完成接打碰头灰动作铺灰后用铲摊平砂浆

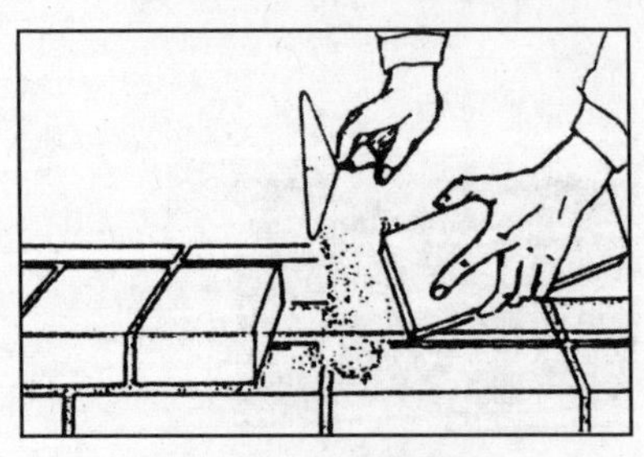

“一带二”铺灰动作
（适用于砌外丁砖）（甲）

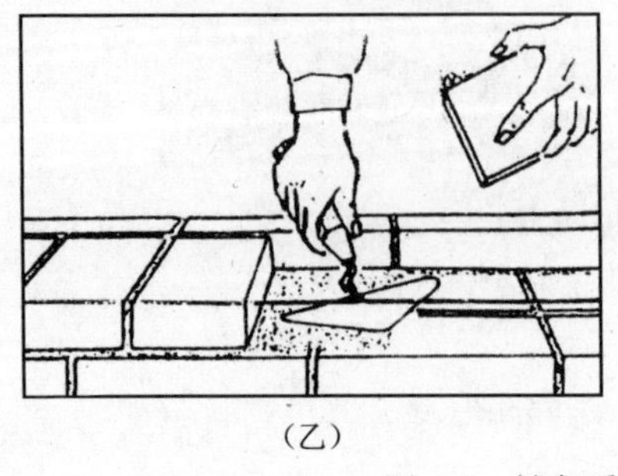

（乙）

一带二铺灰时步法应做相应的变化，后腿前提成并列步正面对墙

图4-3　铺灰手法动作分解（续）

四、挤浆动作

挤浆采用“揉”的动作，利用手指揉动砖时产生轻微的颤动、使砂浆产生液化，压薄砂浆用力很小，同时使砂浆颗粒完全浸入砖的粗糙表面，再加上砖的吸水使用，砖层间形成吸附粘结，使刚砌好不久的墙体就有良好的粘结力，有利于提高墙体的抗剪强度。在“揉”的过程中，还能使一部分砂浆挤入竖缝内，同时补充下层砖竖缝挤浆不满部分，这样使砖砌体横、竖灰缝中的砂浆都能饱满，极大地提高了砌体强度。

我们将“二三八一”砌砖动作称作为砌砖规范动作，其特点如下：

（1）简化砌砖动作过程，消除多余动作，提高砌筑效率：把原来砌一块砖需用 18 个动作，降低到用 3～4 个复合动作，使砌砖由繁多的动作变为轻捷有节律的劳动，大大降低了劳动强度，提高砌筑效率。

（2）消除砌砖单一肌肉动作负荷过度而产生的疲劳：把砌砖每一个动作过程变成由多部位肌肉联合动作和交替负荷，使肌肉活动获得间歇，从而使疲劳在砌筑过程中自行消失。如多种铺灰手法交替动作、砌筑弯腰动作随砌筑高度变化由强变弱和手臂劳动强度进行强弱互换等，使砌砖作业的体力消耗保持均衡，劳动强度控制在疲劳限度以内，有利于瓦工的健康保护。

（3）实现对砌筑质量的控制：由于规范动作的砌筑手法首先为确保砌筑质量服务的，如铲灰量准和铺出灰条均匀一次成型，使砌出墙体灰缝均匀、砂浆饱满；挤浆采用“揉”的手法，提高了砖层的粘结强度和竖缝砂浆的饱满度。如果所有的瓦工都按规范动作砌砖，使人的操作因素，便能达到控制的目的。

（4）为瓦工技术培训提供一套速成的方法：在进行砌砖动作研究时，对砌砖动作做了大量的简化工作，使之成为简单易学、入门不难的操作工艺。用“四阶段基本功训练法”对刚入厂的青工进行技术培训，三个月后即能达到日砌筑量 1500 块以上，质量符合要求，达到速成的目的，从而改变“一个师傅一种手法”的落后习艺方法。“二三八一”规范动作也适用于对具有一定操作技术水平的瓦工，开展培训工作。

挤浆手法见图 4-4。

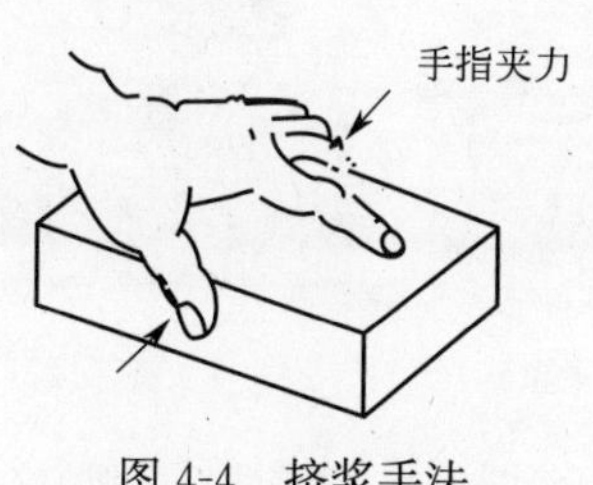

图 4-4　挤浆手法

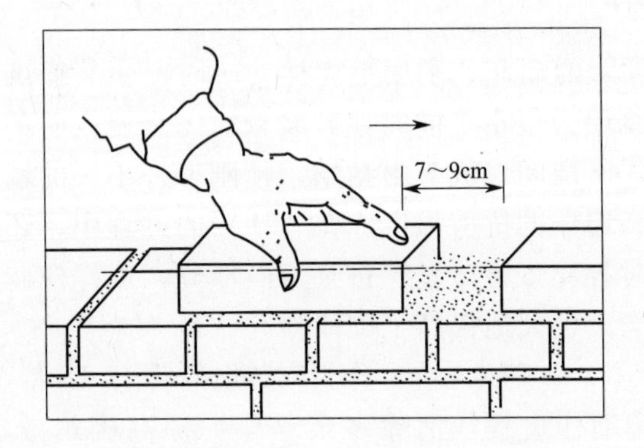

1　将砖放置离 1/3 砖长或宽处，前推揉挤

2　挤浆接刮余浆及时（外条砖）

3　挤浆接刮余浆（里条砖）

4　挤浆接刮余浆（里丁砖）

图 4-4　挤浆手法（续）

5　挤浆接刮余浆及时（外丁砖）

砌外条砖刮余浆

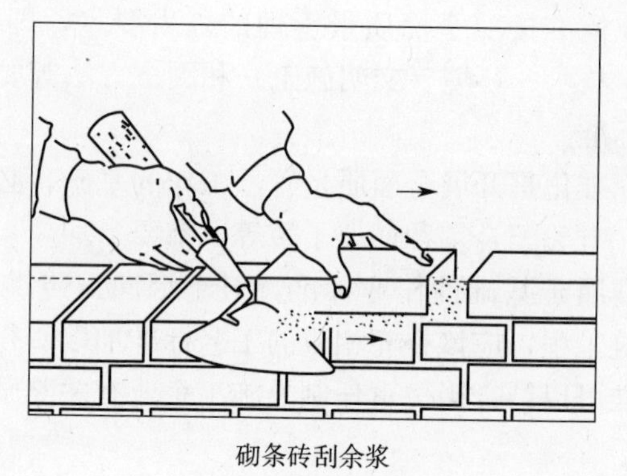

砌条砖刮余浆

图 4-4　挤浆手法（续）

5 砌砖工程作业标准

一、总则

第1条 本作业标准的编制，是以国家《砌体结构工程施工质量验收规范》和《建筑工程质量验收统一标准》为依据，并总结了砌砖操作规程和砌砖技术先进经验而制定的。

第2条 本作业标准按照全面质量管理的六大要素，即材料准备、工具设备、工艺规定、操作技术、环境（文明施工）和测试方法等要求进行编写，构成砌砖全过程的作业标准。

第3条 作业标准化是开展全面质量管理工作的基础，必须全员参加，除了本工种全体工人外，有关配合工种如架子工等，都要参加。

第4条 本标准属于基础性作业标准，对于烟囱、砖拱等构筑物以及空斗墙、空心砖墙等砌筑工程，应该补充相应的工艺标准加以实行。

第5条 本标准可以结合岗位责任制及施工企业有关奖励办法，协同实施。

二、材料准备

第6条 砌筑所用普通黏土砖的强度等级必须满足设计要求。进入施工现场的砖应有出厂合格证。现场如果发现砖的材质有异样，应通知试验室进行鉴定，合格后方可使用。

第7条 砖进入现场应按指定场地（施工现场平面布置图）进行点数码垛，装卸时应注意保护砖的棱角不受损伤。

第8条 湿砖应在砌筑前一天进行，砖的润湿程度应根据当时气温情况，尽量做到砌筑时砖的表面略见风干，打开砖心以中间有1～1.5cm干核为好。严禁用干砖砌墙。

第9条 在一个幢号工程上应使用同一砖厂生产的砖，以确保砖结构的匀质性以及外清水墙面规格、色泽一致。

第10条 进入现场的水泥应有出厂说明（日期、强度等级、品种）。水泥存放应搭设库棚，架空场地，以防雨水浸入或受潮。水泥的出厂日期超过3个月或存放条件不良而变质，应重新鉴定强度等级。

第11条 砂浆骨料宜采用中砂或粗砂，砂子使用前应过筛，筛去砾石及黏土块等杂物。

第12条 砂浆中掺用的塑化材料如石灰膏等，要求质地细腻，不含有未熟化颗粒和其他杂质。塑化材料应存放在灰池中，保持一定的湿度，严禁使用干燥、受冻、粉化的塑化材料。

第13条 试验室为现场提供的砂浆配合比，应能满足砂浆的强度、和易性和保水性等要求。

第14条 为确保砂浆的和易性和保水性，砌筑砂浆必须使用水泥混合砂浆。如果由于某种原因使用混合砂浆确有困难时，应由技术部门批准，方可使用纯水泥砂浆。为改善和易性，建议在纯水泥砂浆中掺加微沫剂，不允许用增加水泥用量的办法改善砂浆的和易性。

第15条 严格控制砂浆中塑化材料的用量，过量使用会降低砂浆强度，增加灰缝的横向变形，影响砌体强度。拌制砂浆时，塑化材料掺用量以标准稠度（12cm）的体积比配制。

第16条 砂浆配合比计量采用以重量折合成体积，在砂子含水量超过5%时，应考虑调整砂子用量。

第17条 砂浆搅拌（机械搅拌）应注意加料顺序，分二次投料：先加入部分砂子、水和全部塑化材料（石灰膏），进行搅拌，等到塑化材料被砂子均匀打开后，再加入其余的砂子和水泥，搅拌到颜色均匀一致（2min）后放出。

第18条 砂浆的拌制应与当日砌筑量相配合，尽量做到随拌随用，少量储存，以保证操作面上经常使用新鲜砂浆。砂浆使用时间应根据当时气温条件掌握：一般情况M5以下的砂浆不超过3～4h；M5及M5以上的砂浆不宜超过2～3h，严禁使用隔日剩余砂浆。

三、砌砖工艺一般规定

基础

第19条 基础放线应设有龙门板，龙门板上标有建筑物的轴线、标高及基础宽度（简易房屋可用中心桩控制）。龙门板应有保护措施，防止碰撞移位，影响建筑物位置的准确度。

第20条 建筑物定位放线应由技术主管进行复测。建筑物放线尺寸允许偏差见表5-1。超过允许偏差值应返工重测。

建筑物放线尺寸允许偏差 **表5-1**

建筑物长度与宽度(m)	允许偏差(mm)
长与宽≤30	±5
31～60	±10
61～90	±15
＞90	±20

第21条 基础砌筑前，施工负责人（工长）应做好对生产班组的技术交底工

作，并在现场组织工人进行统一摞底。对上下水道、电、暖等过墙管道作出标志，予以准确留置，过墙管道上口应留出建筑物沉降余量。技术交底应该有文字记录。

第22条 基础分段砌筑要随时拉通线核对轴线。基础退台尺寸应均匀，当基础砌完退台时，应重新拉中线测定轴线位置，并以新定的轴线为准，砌筑基础直墙部分。

第23条 基础退台组砌方法为挑丁压条法，见图5-1。基础填心砖应满铺满挤，砂浆饱满。

第24条 检查基础标高的方法见图5-2。宽大基础的皮数杆可以采用小断面（2cm×2cm）方木或钢筋制作：直接夹砌在基础中心位置。

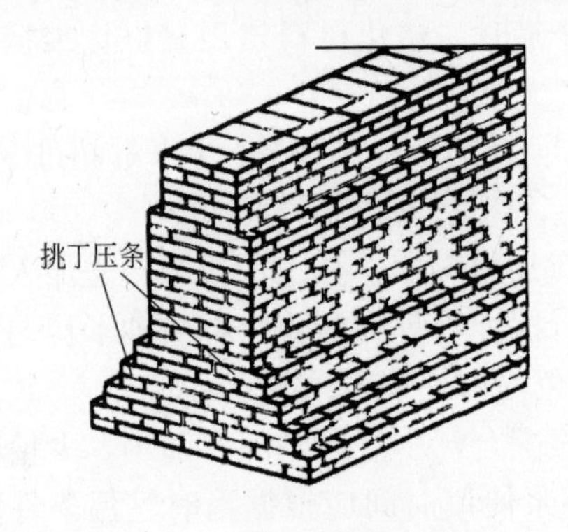

图5-1 基础退台组砌方法

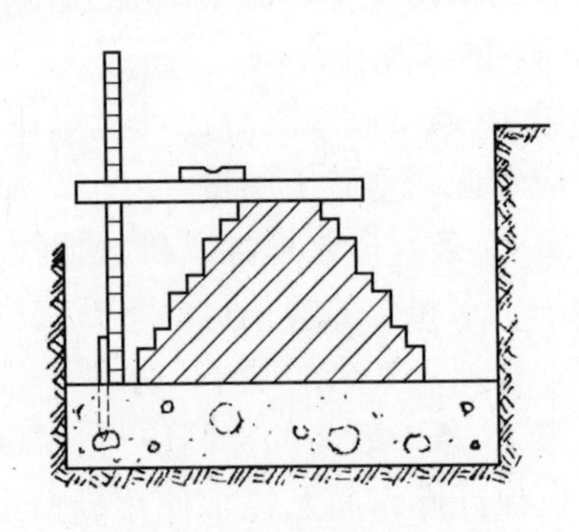

图5-2 检查基础标高方法

第25条 基础防潮层应作为独立施工项目进行操作。当设计没有具体规定时，可以用1：2.5水泥砂浆掺3%～5%防水剂，抹防潮层，厚度为2cm。

第26条 防潮层施工前应清除基面上的杂物（泥土、残余砂浆），并浇水润湿，等到基面略见风干后进行操作。防潮层水泥砂浆终凝后应进行浇水养护，严防水泥面层开裂失效。

墙体

第27条 砌墙前由施工负责人对生产班组进行技术交底，对所砌部位门窗洞口、预留预埋、组砌方法、砂浆强度等级及墙体轴线、标高等内容作出详细文字交底记录。

第28条 施工负责人应带领工人对墙体进行统一摞底，进一步落实操作部位具体做法。统一摞底要做到合理"破缝"，减少打砖，对清水墙面窗口位置要考虑砖的排列，防止游丁错缝。

第29条 皮数杆的砖层厚度，应取用现场砖的平均厚度。具体做法是在存砖处测定干码10层砖的高度除以10，再加10mm灰缝厚度，便是皮数杆砖层的厚度。可以多测几处，取平均值。

第30条 皮数杆应立在外墙转角和纵横墙交接处，相邻皮数杆的间距不大于15m。皮数杆上应标有门窗口、圈梁、楼层等标高，皮数杆的架立应牢固。

第 31 条 墙体组砌方式有满丁满条、梅花丁、三顺一丁、三七缝等。满丁满条和梅花丁为常用的组砌方式。对于砖的规格长为正偏差宽为负偏差或反之时，为取得清水墙竖缝的均匀，可采用梅花丁组砌方式。三顺一丁宜用于圆形水池砌筑，三七缝可用于 24 墙及双面清水 24 墙的砌筑，各种组砌方式详见图 5-3。

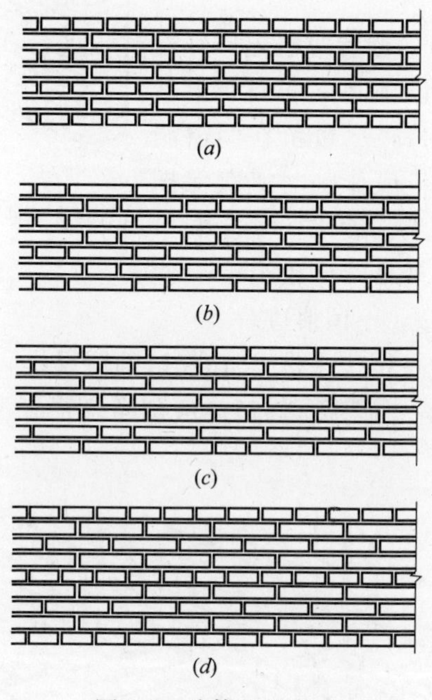

图 5-3 墙体组砌方式

（a）满丁满条；（b）梅花丁；（c）三七缝；（d）三顺一丁

第 32 条 内外墙或纵横墙当第一步架砌齐后，再接砌第二步架。施工留槎应以踏步槎为主，见图 5-4。如果留踏步槎确有困难时，应留置探出墙面 12cm 的马牙槎，见图 5-5，并加钢筋拉结条，不允许留缩进墙面 6cm 的阴槎。后砌半砖厚隔墙可留置榫式槎，见图 5-6。

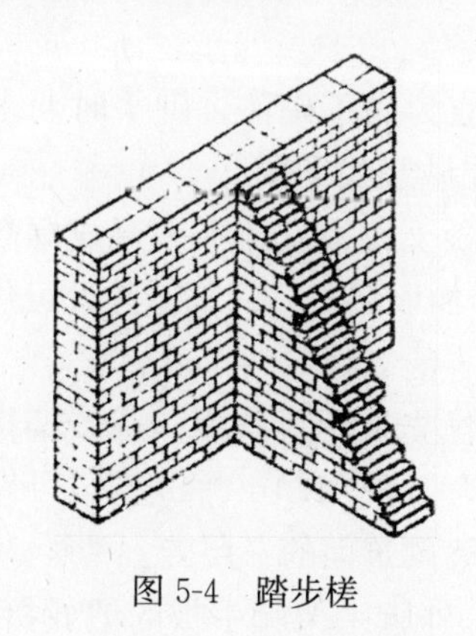

图 5-4 踏步槎

图 5-5 留置探出墙面 12cm 的马牙槎

第 33 条 墙体应在一步架砌完前进行抄平，在墙面上弹出引自室内地坪＋30～50cm的平线，作为墙体标高、门窗口、水泥地面踢脚线以及水暖电卫预埋件标高控制的基准线。

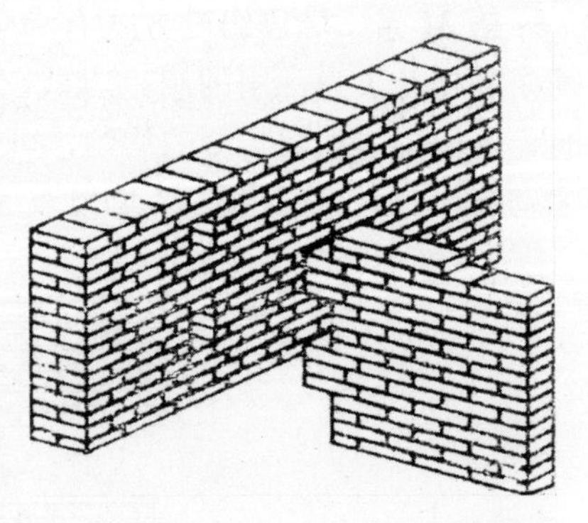

图 5-6 砌半砖厚隔墙可留置榫式槎

第 34 条 施工洞口的留置应事先作好安排；内墙施工洞上部应设预制钢筋混凝土过梁，外清水墙竖井上料口，尽量留在门窗洞口处。清水墙面施工洞口应作临时遮盖保护措施，以防撒落的混凝土、砂浆污染。洞口处应留出与墙面色泽、规格相同的砖，以使堵砌洞口时墙砖颜色一致，不留痕迹。

第 35 条 抗震组合柱留槎采取 6cm 收口的罗汉槎，见图 5-7。柱下留掏灰口，以便清除掉落的砖头、砂浆，槎口内应刮净余浆（舌头灰），以增强组合柱混凝土与砖面的粘结。

图 5-7 罗汉槎

第 36 条 墙体平口处的顶皮砖（24 墙），应为满丁砌法，砌筑时要求填满竖缝砂浆。平口处的标高，应留出 2cm 厚的水泥砂浆找平层。

第 37 条 在楼层上砌墙，如果遇有预制混凝土楼板安放不平造成标高偏差时，可以在第一步架砌筑中调整灰缝厚度，逐步加以纠正。局部低洼处可用豆石混凝土垫平，不允许用打薄砖或厚垫砂浆找平。

第 38 条 脚手架的搭设：多层楼房砌砖应优先采用里脚手。一步架搭设高度应根据墙体厚度确定：砌 24、37 墙可砌高度为 1.3～1.4m，49 墙或外跨砖垛可砌高度为 1.1m，脚手板铺设高度相应低于砖墙砌筑面的一层砖。

第 39 条 脚手板铺放应离开墙面 3～5cm，外脚手架脚手板的铺放接头处，应该用双排木平铺，使搭头板平坦，保证行车走人安全。脚手眼的留置应遵守规范有关规定。

第 40 条 框架结构填充墙及 12cm 厚砖墙上端与梁、板的固定，应采取立砖斜砌，斜砌砖两端必须用砂浆砌紧挤严。

第 41 条 断面大于 37cm×37cm 的承重独立砖柱，不得采用包心砌法，应采取外见三层直缝的组砌方法，见图 5-8。37 砖柱应将填心半砖砌实挤严，不得填砌碎砖头、砂浆，柱顶应有现浇混凝土柱帽或设梁垫与圈梁整浇在一起。

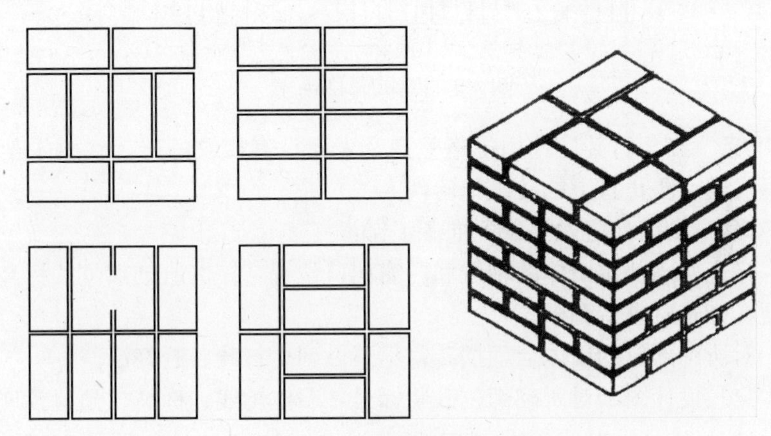

图 5-8 三层直缝组砌方法

第 42 条 砖柱和宽度小于 1m 的窗间墙，以及承受集中荷载的墙体，应选用整砖砌筑。半砖头及表面有残缺、裂纹的砖，不宜用于砌筑接槎和砖拱部位，可分散砌于墙体受力较小的部位。

第 43 条 墙体在未安装楼板或屋盖时，上端为自由端，砌筑高度应考虑风力影响，必要时应采取加撑等防范措施。

第 44 条 墙体施工段的高差，不得超过一个层高或 4m，施工分段的位置应设在变形缝处或门窗口处。

第 45 条 墙体变形缝内必须在操作中随时清扫干净，不得掉有砖头、砂浆等杂物。

第 46 条 附墙烟道瓦管的安放，应注意上下口对齐，瓦管应经常保持高出砌筑面，防止砖块和砂浆落入烟道管内，造成堵塞。烟道砌到平口处，如果有混凝土圈梁，应用水泥纸袋包封瓦管上口，防止混凝土浇筑时掉入管内。

第 47 条 烟道砌筑部位应定人操作，尽量做到各层的同一烟道部位，都由一人操作，并作记录，便于分清责任，查找原因。

四、砌筑技术

第 48 条 操作面的材料布置详见图 5-9。砖和灰槽安放位置应方便操作，门窗洞口的相对位置可不放料，灰槽退出门窗口边 80cm。

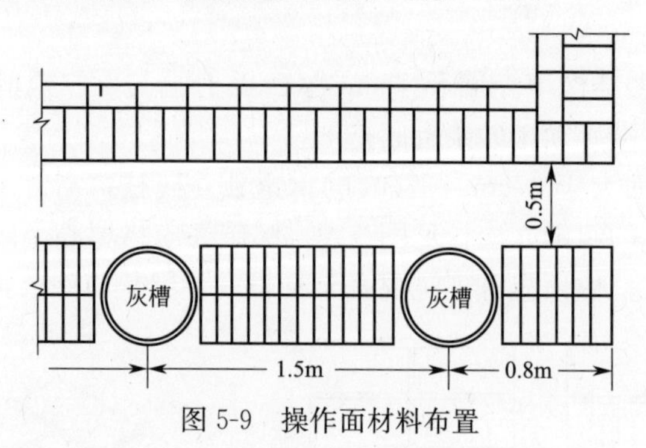

图 5-9 操作面材料布置

第 49 条 砌角打砖应选用规格整齐、表面没有裂纹的砖。在脚手架上打砖时应注意安全，防止打下的砖碴掉落伤人。

第 50 条 砌墙前应做好以下准备工作：

(1) 检查所砌部位墙体的轴线和门窗洞口位置，摸清所砌部位的标高偏差情况，以便在砌筑时进行调整。

(2) 对所砌部位的墙体合理摆砖，尽量做到少打砖、赶好活。

(3) 熟悉设计图纸对所砌部位砂浆标号、墙体轴线、标高、预留预埋等的具体要求。

(4) 接砌二步架以上墙体，应检查原墙面偏差情况，在接砌中予以纠正。

(5) 检查操作面上砖和灰槽位置是不是合适，砂浆稠度、润砖程度是不是合宜，操作走道应清理干净，木砖、拉结钢筋等应准备齐全。

第 51 条 砌角应选用规格方正的砖，砌角应与墙体砌筑交错进行，每砌 3～5 层角砖后，随即砌筑墙身。不允许把墙角先砌成直槎、再用装槎方法砌墙。墙角的垂直度是挂线的基准，砌筑时应做到“三层一吊、五层一靠”，使墙角垂直度控制在允许偏差内。

第 52 条 挂线：

(1) 砌 24 墙采取单面外挂线；砌 37 墙及 37 以上墙必须双面挂线。

(2) 挂线长度超过 20m 或遇有风天气，应加“腰线”，每次升线都要由一端穿看全线偏差情况，防止腰线处墙面产生偏差。

(3) 挂线别子用细铁丝做成套圈，见图 5-10，别在离墙角 2cm 处。每次挂线都要拉紧，可用手指测拉紧程度，防止线松中间下垂。

(4) 挂立线必须做到“三线归一”，即先挂立线吊直，挂上平线拉紧，再用线锤测立线、平线，以三线相重为准。

(5) 附墙垛摆底时应拉通线，每砌五层砖拉一次通线，检查并纠正砖垛的偏差。

第 53 条 砌墙应采取“拉槽”砌法，即操作者背向砌筑前进方向，视线应

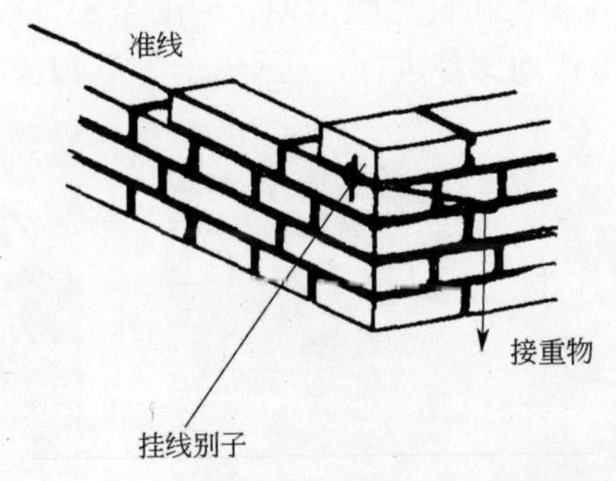

图 5-10　挂线别子用细铁丝做成套圈

经常观察已砌砖层的跟线情况，便于随时发现并纠正跟线偏差。

第 54 条　步法：操作者后腿应靠近灰槽，斜站成丁字步，砌到近身处将前腿后撤半步成并列步，一步半可砌 1.5m 长墙身。砌完后将后腿移向第二灰槽近处，又斜站成丁字步，周而复始进行第二循环，见图 5-11。操作中要求步子不乱，随上身重心摆动完成砌砖动作，见图 5-12。

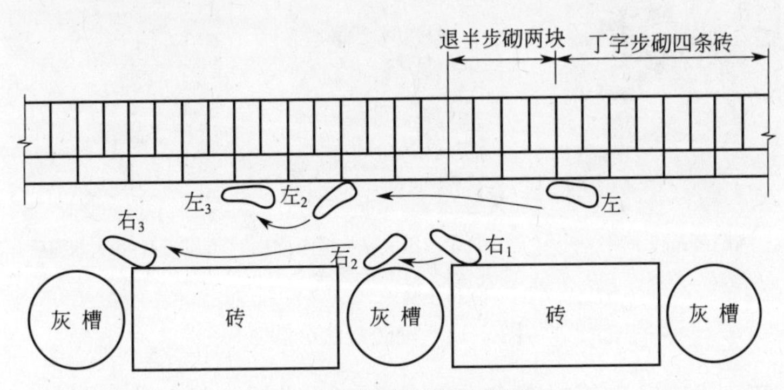

图 5-11　砌砖步法示意图一

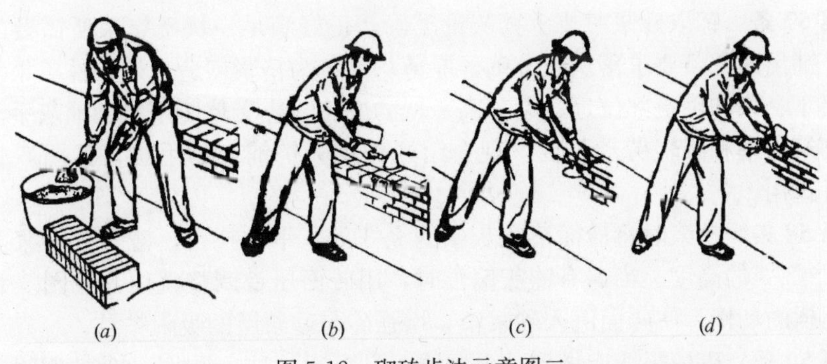

图 5-12　砌砖步法示意图二

(*a*) 铲灰拿砖；(*b*) 转身铺灰；(*c*) 挤浆刮余灰；(*d*) 甩入碰头缝内

第 55 条　身法：主要是砌砖弯腰活动，应随步法变换弯腰动作，采取图 5-13 的三种弯腰动作有节律地交替进行，动作应连贯，以减轻腰部劳动强度。

1.铲灰拿砖:侧身弯腰人体重心在后腿

2.转身铺灰:重心前移,准备铺灰

3.铺灰:成丁字步正弯腰,重心移至前腿

4.挤浆兼刮余灰

5.将余灰甩入碰头缝内,以前腿为中心,身体保持平衡

6.砌近身处砖:前腿后撤半步成正弯腰姿势

图 5-13　砌砖身法分解

第 56 条　手法：砌筑时要求双手动作配合默契：铲灰拿砖同时，铺灰挤浆连贯，接刮余浆及时，消除多余动作。

第 57 条　铲取砂浆时要求铲灰量准确，正好满足一块砖挤浆所需要的铺灰面积。铺出的灰条要求落灰点准确，厚薄均匀，为挤浆创造良好条件。根据所砌筑砖层丁、条和砌筑部位远、近、高、低的变化，应交替使用多种铺灰手法，以提高砌筑效率和减轻劳动强度。现介绍几种用大铲铺灰的手法，见图 5-14，供操作者选用。

第 58 条　挤浆时将砖面落在灰条的 2/3 处，平推揉挤，碰头缝砂浆至少挤起 1/2～2/3 的高度。当遇有铺灰偏位时，用砖面压带调整就位，见图 5-15。挤浆应用揉的动作，使砖面沉入砂浆中，增强砖与砂浆层的吸附粘结。

第 59 条　砌墙跟线应做到“上跟线、下跟棱、对接要平”。砖棱跟线应吃半线，以挂线水平颤动不被砖棱挡住为好，砖棱与线的间隙应与线似挨非挨为准，清水墙应选砖的小面跟线。

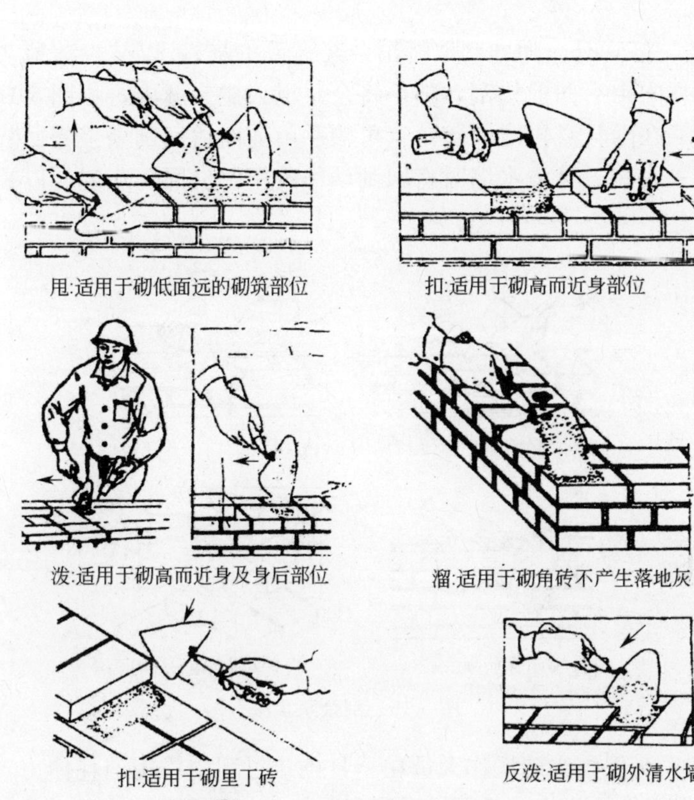

甩:适用于砌低面远的砌筑部位　　扣:适用于砌高而近身部位

泼:适用于砌高而近身及身后部位　　溜:适用于砌角砖不产生落地灰

扣:适用于砌里丁砖　　反泼:适用于砌外清水墙

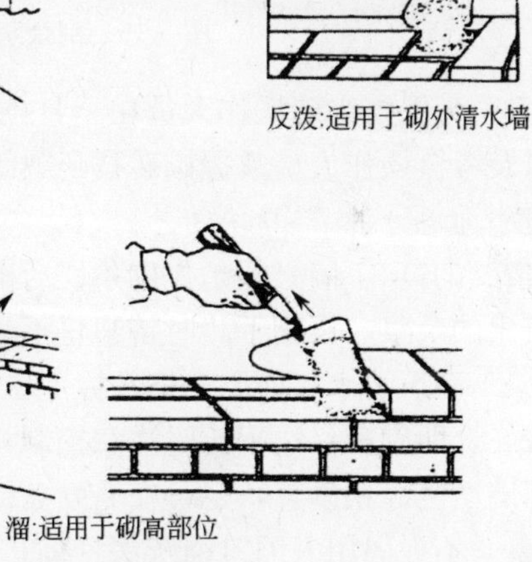

溜:适用于砌高部位

图 5-14　各种铺灰手法

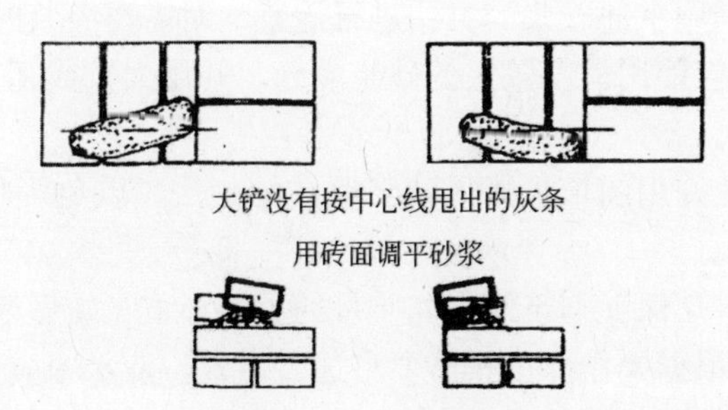

大铲没有按中心线甩出的灰条

用砖面调平砂浆

图 5-15　挤浆手法

第 60 条 挤浆时应随即刮取挤出余浆（舌头灰），以减少落地灰。接刮余浆应顺挤浆方向由后向前接刮，随手将余浆甩入碰头缝内，见图 5-16。如果一次未能刮净，在随转身再次取灰时，可顺手由前向后回刮余浆带回灰槽，再次取灰砌筑下一块砖。砌清水墙时将回刮动作改用铲尖回勾灰缝，以减少勾缝工作量。

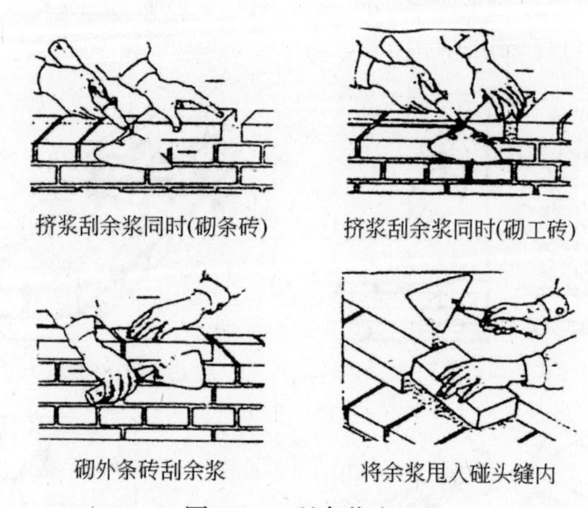

图 5-16 刮余浆水法

第 61 条 为保持砌砖操作人员在全日砌筑过程中均衡消耗体力，不发生过度疲劳，以及考核操作人员掌握砌砖技巧熟练程度，在完成上述动作过程时，合宜的砌筑速率为每分钟 7～9 块砖。

第 62 条 砌筑 37 墙必须是先砌条、后砌丁，条砖砌完后应刮去条砖在纵向灰缝根部挤出的余浆，再砌丁砖时挤浆将不受影响。

第 63 条 砌筑清水墙面要严格掌握丁压中，即丁砖压在下层条砖中心位置，采取砌一看二，即砌第一块丁砖时注意控制相邻竖缝均匀，砌第二块砖时要穿看竖缝与下部墙面竖缝相垂直，也可在墙面上弹竖缝控制墨线，以防游丁走缝。

第 64 条 不提倡用大缩口铺灰法（缩进深度大于 2cm）砌筑清水墙，以免影响砖层砂浆饱满度，同时增加勾缝工作量。

第 65 条 严禁用水冲砂浆的方法进行灌浆。对需要灌浆的砖砌体，如砖拱、地下工程墙体等，应使用稠度较大的砂浆灌缝，并用大铲或瓦刀将砂浆刮入缝内捣实。

第 66 条 不允许用铺长灰摊平砂浆摆砖的砌法，以免影响砖层间的砂浆饱满度和粘结强度。

第 67 条 供料是保证砌筑效率和质量的重要环节，应做好以下三点：

（1）供好：应根据操作部位具体要求进行供料，清水墙应供给棱角整齐、色泽均匀的砖，运送的砂浆要稠度合宜，以减少操作工人选砖和在灰槽中重新调和砂浆稠度的时间。

（2）供足：要保证砖和砂浆的供应，不发生待料停工。要经常保证使用新拌砂浆。

（3）供准：要掌握所砌部位每步架所需砖和砂浆的用量，防止超量供应，以减少砖和砂浆过剩造成二次倒运。

第 68 条 同一条工作面上，即同一根挂线上，应配备技术条件基本相当的操作人员，以减少相互干扰。操作区的分配应结合砌筑部位实际情况，合理安排好操作人员一日砌筑量，最好半日砌完一步架。

第 69 条 配筋砖砌体灰缝厚度，应为纵横配筋叠加高度上下各加 2mm 保护层。配筋宜采用点焊网片，不得使用分离式单根钢筋。每层配筋砌筑时，末端应露出砖缝，以备检查。

五、质量检查

第 70 条 操作者对砌完的墙体必须进行自检，检查项目主要有墙（柱）垂直、平整度和标高等，一个墙面（约 5～8m 长）检查两端及中间，逢角靠两面，逢垛靠三面。

第 71 条 对墙面的偏差，不允许用砸墙、拨缝的方法消除，应在操作过程中勤吊勤靠，使偏差值控制在允许范围内。

第 72 条 质量互检由施工负责人组织班组长、质量检查员等有关人员对本班组完成墙体进行检查，把检查结果、操作人姓名以及技术等级写在墙上，并记录在册。

第 73 条 墙体的质量评定以一个分项工程（如一层墙）为单位，进行实测实量。质量检查采取“平面定点”随机取样的方法：先在平面图上定出检查点位，然后进入现场按点位检查。为便于统计合格率百分数，点位数取 5 进位。质量等级评定按照《砌体结构工程施工质量验收规范》的规定执行。砖砌体质量标准和检验方法见表 5-2。

砖砌体质量标准和检验方法 **表 5-2**

<table>
<tr><th>项次</th><th colspan="3">项目</th><th>允许偏差（mm）</th><th>检验方法</th><th>抽检数量</th></tr>
<tr><td>1</td><td colspan="3">轴线位移</td><td>10</td><td>用经纬仪和尺或用其他测量仪器检查</td><td>承重墙、柱全数检查</td></tr>
<tr><td>2</td><td colspan="3">基础、墙、柱顶面标高</td><td>±15</td><td>用水准仪和尺检查</td><td>不应少于 5 处</td></tr>
<tr><td rowspan="3">3</td><td rowspan="3">墙面垂直度</td><td colspan="2">每层</td><td>5</td><td>用 2m 托线板检查</td><td>不应少于 5 处</td></tr>
<tr><td rowspan="2">全高</td><td>≤10m</td><td>10</td><td rowspan="2">用经纬仪、吊线和尺或用其他测量仪器检查</td><td rowspan="2">外墙全部阳角</td></tr>
<tr><td>>10m</td><td>20</td></tr>
<tr><td rowspan="2">4</td><td rowspan="2" colspan="2">表面平整度</td><td>清水墙、柱</td><td>5</td><td rowspan="2">用 2m 靠尺和楔形塞尺检查</td><td rowspan="2">不应少于 5 处</td></tr>
<tr><td>混水墙、柱</td><td>8</td></tr>
</table>

续表

项次	项目		允许偏差(mm)	检验方法	抽检数量
5	水平灰缝平直度	清水墙	7	拉5m线和尺检查	不应少于5处
		混水墙	10		
6	门窗洞口高、宽(后塞口)		±10	用尺检查	不应少于5处
7	外墙上下窗口偏移		20	以底层窗口为准,用经纬仪或吊线检查	不应少于5处
8	清水墙游丁走缝		20	以每层第一皮砖为准,用吊线和尺检查	不应少于5处

第74条 砖砌体的砌筑质量要体现为下一道工序的工种服务。与墙体砌筑质量有关的工序工种为：墙体垂直平整度——抹灰；墙体轴线、标高——构件安装，支模；大梁及抗震柱留槎——混凝土浇筑；门窗洞口位置——木工；预留预埋件留置——水暖、电工。要经常听取其他工种对砌筑工程质量的检查意见，以促进砌筑工程质量全面提高，同时为其他工种创造良好的作业条件。

6 “2381 砌砖法问答”

一、什么是“2381”砌砖法？效益怎样？

“2381”砌砖法是运用现代化管理科学和人体科学的原理，对传统砌砖技术进行综合研究改进的一项成果。具体内容由以下三部分组成：①作业动作设计，即两种步法、三种身法、八种铺灰手法和一种挤浆动作，简称为二三八一砌砖规范动作。②规范动作基本功强化速成训练。③砌砖作业标准化管理技术。由对工人培训直至砌砖作业全过程标准化管理的系统应用技术，是对我国传统砌砖工艺的一次全面改革，在我国实现统一的砌砖作业法，即操作动作规范化、技能训练科学化和施工管理标准化。

“2381”砌砖法效益：

（1）用规范化动作砌砖，形成对砌筑质量的有效控制，提高砌体强度。

（2）经速成培训半年后操作熟练程度相当于四级工水平，效率比现阶段提高1倍。

（3）消除多余动作，使原来砌一块砖最多需用18个动作，降为2～4个，人体能量利用率提高1倍以上。

（4）“2381”砌砖动作富有节律性，符合人体生理活动规律，减少疲劳，降低腰肌劳损发病率。

（5）有利了实现标准化管理，综合经济效益能提高15%～20%。

二、“2381”砌砖法目前推广情况怎样？

“2381”砌砖法已推广多年，据不完全统计，全国已有20余个省市的建筑行业开展了培训，有数万名工人参加，一些砌砖质量差、瓦工短缺的施工企业得到显著效果。如煤炭部建筑安装工程公司对新工人开展培训，砌砖工程质量大幅度提高，并培养了一批高水平“2381”操作手。浙江省原属砌砖质量后进地区，在全国工程质量大检查中，曾有22项砌砖工程不合格，受到建设部的批评。后由省政府领导主持召开“2381”砌砖法推广现场会，号召全省20万瓦工学习“2381”砌砖法，省建设厅成立培训站，经过两年的努力，砌砖质量，效率都有提高，不仅消灭了不合格品，还出现砌砖优良工程。还有一些省市在推广中，也都取得了不同程度的效果。

三、学习“2381”砌砖法有什么诀窍？

用大约20余天的训练时间，即可使初学者掌握“2381”基本操作要领，能独立砌出合格的墙体，这本身就是训练方法上的诀窍。如陕、甘、宁、青、新等西北五省“2381”培训班学员陈根焕，是初学者，当接受26天训练后，正值这五省举办“2381”砌砖技术比赛，陈因学习成绩优秀以特邀选手参加，在24名选手中获第10名。能取得这样的成绩，除了本人勤奋学习以外，还与教练方法的科学性分不开，训练时对规范动作的用力状态、力度、方向等都有严格规定，根据学员的身高、体质及灵敏度，进行量材施教，及时纠正错误动作，这里面就包含着许多诀窍和秘密武器。应该指出，有些地区组织开展的培训，仅停留在几个动作的练习上，没有合格的教练，缺少严格的训练制度和教学提纲，学的动作不规范，甚至有错误，这就难于取得培训效果。

四、怎样才能搞好培训工作呢?

首先应明确“2381”培训的目标是培养新一代建筑工人，使他们成为既能熟练掌握“2381”操作技能，同时具有一定科学管理知识储备的脑体劳动者，是符合具有一定文化知识、善于思考、勇于进取、求知欲强、爱好广泛等特点的当代青年所追求的目标，消除对传统习艺只知其然不知其所以然师带徒所产生的逆反心理。

在培训方法上融知识性、趣味性于一炉，像训练运动员那样以动作准确，灵活多变，富有艺术感的作业技巧进行训练，遵循“三从一大”即从严、从难，从实作出发、大运动量的训练原则，每天6.5h训练3000次规范动作，还有高难动作训练，如在砖的5.3cm宽条面上打灰条不落地（图6-1）：挤浆揉的动作，做到墙体横、竖灰缝都充满砂浆。基本功训练次数累计10万次以上，实习期砌砖量为5万块，需持续实习两个月，并经常安排高于国家定额1.5～2.0倍日砌砖量的操作实践，提高操作熟练程度，形成良性条件反射，使规范化砌砖动作日趋

图6-1　砖侧面上打灰条训练

定型，适应于任何操作环境，动作不走样。训练结果使操作者心理素质产生升华，劳动不仅为了生产产品，同时给人以满意感，因而产生干劲，感到有意义，而且发生数日不练或不参加砌砖劳动，深感不舒的生理现象。

因此，培训工作必须有一套科学的组织管理，有良好精干的师资力量。动作示范必须由经严格考试合格的“2381”优秀操作手担任。四个阶段训练，每一轮都经过严格考核，及格后方可进入下一轮训练。还有理论课堂教学：内容包括动作设计原理、基本功训练法则、标准化问答等。

另外，“2381”砌砖法不仅适用于对新工人的培训，对已掌握一定操作技能的工人，也同样适用。

五、为什么说“2381”砌砖技法有一定健身作用？能预防腰肌劳损？

“2381”规范动作设计时就考虑避开有损于人体健康的作业动作。如砌砖弯腰，运用腰、腹、腿，肩多部位肌肉交替活动，形成动态不平衡至平衡的砌砖动作过程，由三种弯腰身法替代瓦工惯于用静态单一弯腰动作砌砖，不仅减轻了腰部劳动强度，而且能有效地预防腰肌劳损发病率，其他规范动作也都遵循肌肉交替用力方式，符合节律性，形成与生理节奏相协调的规则循环运动，使劳动轻松化，因为劳动节奏感可以减轻人们的心理疲劳和提高生产率，其次是把训练操作技能，同提高适应于砌砖需要的身体素质训练同步，使作业劳动犹如一种健身运动，从而获得保护劳动者身心健康和预防劳损疾病的发生，如全国著名“2381”操作手赖彪（图 6-2），18 岁参加培训，原身材瘦弱矮小，两年内体重增加 10kg，身高增长 3cm，上身呈三角形，肌肉十分发达，在生产岗位砌砖质量、效率一直名列前茅，是煤炭部瓦工状元。1987 年随建设部“2381”砌砖法表演

图 6-2　全国瓦工技术能手—十佳之一 2381 学员赖彪（西安）

队赴兰州、西宁、上海、浙江、济南等地做观摩表演，同另一操作手丁志杰，以每小时400块砖的效率，打破美国吉尔布雷斯在20世纪初创造1h砌砖350块的纪录，800块砖一步架的墙体2h砌完，而且连续作业数日，无显著疲劳感，优美的身姿、准确潇洒的砌砖动作，观者为之折服，博得与会者一致好评。1990年全国技术大赛他获前10名。凡接受正规训练的"2381"优秀学员，都能达到赖彪那样的水平，劳动变得轻松了，腰腿不再酸疼，完成国家日定额规定砌砖量，只需3.5～4.0h，使瓦工下班有足够的精力去从事娱乐，学习等活动，砌砖对他们来说，不再是笨重的体力劳动。

7 “2381”砌砖工艺训练法

砌砖是建筑业的一门传统操作技术，虽经多次改革，仍基本为手工操作。目前，国内尚无统一的作业标准，各地区的砌筑手法各异，砌筑质量和工艺相差较大。

当前，砖混结构体系仍占有相当大的比重，就全国来讲，约占80%～90%。它以施工简便、就地取材、成本偏低等长处，还将在我国延续一段漫长的时期。

砌砖的劳动强度比较大，瓦工砌筑一天，要做上千次的弯腰动作，天长日久，容易患腰肌劳损等职业病。

“2381”砌砖法融汇了我国各种砌砖方法的精华，总结和汲取了历年来一些优秀砌砖能手的最佳手法，并从中进行精炼、简化，消除多余动作，以确保砌筑工程质量为前提，进一步研究砌筑过程中人体各部肌肉活动的规律，用劳动生理学、运动肌肉解剖学的原理，设计了一套符合人体正常生理活动规律的砌砖规范化动作，从而达到预防腰肌劳损的发生，并用运动技能形成原理对新工人进行强化训练，能达到速成的目的。

一、工具和材料准备

（一）工具

“2381”砌砖法使用的工具是标准铲和刨锛。标准铲用于铲取砂浆和打灰条，砌筑时要求铲取量准和合宜的灰状，通过不同铺灰手法，打出灰条长宽合适、厚度均匀、一次成形，正好满足一块砖挤浆需要的面积。这同铲的材质、规格有着密切的关系。目前市场上供应的大铲有以下一些缺点：(1) 规格不统一，铲面有大有小，难以铲取量准和合适的灰条，铲边呈桃弧线，铺出的灰条不均匀，接刮余灰难以刮净。(2) 分量重，约为0.6～0.75kg，要长年累月挥铲操作，铲还是越轻越好。(3) 铲铤高，铲柄角度有大有小，砌砖时使手腕经常翻转，增加了手腕的扭力。标准铲铲面呈三角形，铲边弧线比较平缓，便于铲取量准合适灰条。铲面用带锯钢片制成，耐磨，表面光洁，打出的灰条成形好。铲柄角度合适，握铲手腕用力平缓，避免了铲柄角度过大过小使手腕关节处产生疲劳。手柄用软质木材制作，握之比硬木手柄柔和舒适，并能吸收手汗。标准铲重为0.2～0.25kg，使用比较灵巧，携带方便，颇受广大瓦工的欢迎，因此，参加“2381”砌砖工艺训练，必须使用标准铲。

刨锛用于打砖，重为0.45kg，从市场上购买即可。

（二）湿砖和砂浆制备

主要指湿砖程度和砂浆和易性、保水性的要求。湿砖和砂浆的和易性好，不仅是为保证砌筑工程质量所必须，同时也能起到减轻劳动强度和提高砌筑效率的作用。

湿砖能冲去砖表面的粉屑，使砖和砂浆有良好的粘结。湿砖以提前 1 天浇好为宜，砌筑时砖的表面以略见风干为好，这样拿砖砌墙不因砖面过湿手指受浸增加磨感；表面见干的砖另一作用是，砌筑后砖能吸收砂浆中的一部分多余水分，增强砂浆的密实度。因为砂浆为满足和易性的需要，拌和砂浆时就得多加水，实际上砂浆中水泥水化作用需用水仅占总加水量的 1/5 左右，过多加水会使砂浆强度降低，当砂浆砌入灰缝以后，和易性就完成了使命。怎样使灰缝中的砂浆变得干硬密实，这个任务将由砖来完成。灰缝中的砂浆由于受到上、下两皮砖的吸水作用，如同混凝土真空作业一样，多余水分被砖吸走，相应提高了砂浆强度。那么，用干砖砌墙不是更能吸收砂浆中的多余水分吗？干砖是能吸收砂浆中的更多水分，但会使砂浆早期脱水，反而降低了砂浆的强度。用过湿的砖砌墙也不理想，由于砖不能吸收砂浆中的多余水分，同样会使砂浆强度降低。因此，浇过的砖既能吸收砂浆中的多余水分，又能为灰缝中砂浆提供潮湿的养护环境，提前浇水、表面略见风干的砖，就能收到这种效果。另外，砖在吸收砂浆水分过程中，使砂浆骨料之间收缩靠拢，砂浆颗粒紧贴砖的粗糙表面，促成砖与砂浆之间产生较强的吸附力，再加上上部继续砌砖和其他负荷的压力作用，灰缝中的砂浆变得十分密实，这对提高砖砌体强度是十分有利的。如遇到临时拆除几块刚砌好的砖，用手掰开就很费劲，掰开后砂浆紧贴砖表面，如果将粘在砖面上的砂浆刮下制作试块，强度能高出标准试块 2～3 倍，这说明砂浆的和易性好和湿砖对提高砌体强度，有着相辅相成的作用。

保水性是砂浆的另一个特性，因为拌出的砂浆不可能马上用完，需要有一段运输和存放的时间，保水性要求砂浆在一定时间内，一般为 2h，不发生沉淀或泌水现象。一般来说，和易性好的砂浆保水性也好，纯水泥低标号砂浆容易产生沉淀，因此，砌筑砂浆最好使用水泥混合砂浆。

保水性的作用还在于使砌在灰缝中的砂浆，不让砖更快、更多地吸收水分，以保存一定量的水供水泥水化用，这主要是砂浆中的水泥、石灰膏等材料，在砖吸水过程中形成致密性材料，堵塞了毛细管通路，阻碍或延缓水分更多地被砖吸走。低标号纯水泥砂浆是做不到这一点的。

有些操作者不了解砂浆和易性、保水性的作用，在拌制砂浆时超量掺入塑化材料，以图达到砌筑省力的目的。其结果会使砂浆骨料间充满润滑的塑化材料，砂浆强度会明显下降，用这样的砂浆砌砖，灰缝受墙体自重压力作用，产生横向变形，会严重降低砌体强度。

用和易性良好的砂浆和浇水程度合宜的砖砌墙，还有利于降低瓦工的劳动强度，提高砌筑效率。这与用干砖及和易性差的砂浆砌砖相比，效率可提高 20% 左右。

二、砌砖技法分解

（一）作业面环境布置

砖和灰槽在操作面上安放的位置，应方便于砌筑，安放不当会打乱步法，增加砌筑多余动作。

灰槽的安放由墙角开始，第一个灰槽离墙角为0.8m，其余灰槽按1.5～2m中距安放。灰槽之间放置双列排砖，要求砖排列整齐。遇有门窗口处可不放料，灰槽位置相应退出门窗口旁0.8m，材料与墙之间留出50cm的走道。

（二）步法

砌砖应采取“拉槽砌法”，即人背向砌筑前进方向退步砌，砌筑开始，人斜站成丁字步，后腿靠近灰槽。这种站法有以下优点：

（1）丁字步是一种站立稳定有力的姿势，适应于砌筑部位远近高低的变化，仅以人体的重心在前后腿之间变换就可以完成砌砖任务，步子不乱。

（2）后腿靠近灰槽便于铲取砂浆，握铲的手和后腿在同一位置，稍一弯腰就可以完成铲灰动作。

（3）采取“拉槽砌法”使砌筑者的视线始终能看到已砌砖层跟线情况，如发现拱线或跟线不顺等问题，便于及时纠正。另外“拉槽砌法”使砌筑动作和身体活动方向一致，没有折回动作，完成砌砖动作比较轻捷。

按丁字步迈出一步可砌1m长的墙体，砌至近身，前腿后撤半步成并列步。又可砌50cm或75cm长的墙体。砌完后将后腿移至另一灰槽近处，复而又成丁字步，重新完成以上动作。丁字步和并列步铲灰、拿砖时，人体重心在后腿，转身铺灰、挤浆，重心又移至前腿，这种身体重心在两腿之间有规律地交替活动，形同人在步行，是符合人体生理活动规律的。两腿由于交替负荷，不存在偏重现象，经一天作业后，不会产生显著疲劳。

丁字步站立应随意些，可根据砌筑部位离身远近来调整步距，身体活动要自如些，防止动作僵硬。由于一步半正好完成长1.5～2m墙体的砌砖量，与灰槽中距1.5～2m相对应。

应该指出的是，许多工地对灰槽的安放位置不太引起注意，有的灰槽间距超过1.5～2m，使砌筑者身体位置不能靠近或从灰槽中取灰后够不到砌筑面，这样不仅加大了身体活动幅度，使铲灰和砌砖不能同时进行，而且，转身砌筑还可能移动脚步，打乱了整个砌筑动作规律。

（三）身法

身法主要指砌砖弯腰和手臂的动作规律。过去，瓦工多用单一弯腰动作进行砌砖，日砌1000砖要弯腰千次，劳动强度确实很大，容易较早地出现疲劳，影响砌筑质量和效率。

正确的身法应根据砌筑部位的变化来改变腰部动作。当铲灰、拿砖时，应采取侧身弯腰，利用后腿微弯、斜肩和侧身弯腰降低身体高度。手臂伸入灰槽，很快便能铲到砂浆，同时完成拿砖，由于这一动作是在瞬间完成，腰部承担极轻度的负荷。侧身弯腰时，身体重心在后腿，促成动作形成一个趋势，从完成铲灰、拿砖到转身进入铺灰砌筑，利用后腿伸直转身把身体重心移向前腿成正弯腰。由于动作连贯，由腿、肩和腰三部分形成的复合肌肉活动，从而减轻了单一弯腰动作的劳动强度。然而，正弯腰根据砌筑部位的远近变化，又可转换成两种不同弯腰动作来完成。砌离身较远的部位用丁字步弯腰即身体重心在前腿，砌至近身部位，将前腿收回半步，成并列正弯腰，即重心还原。这样，使砌砖弯腰由侧身弯腰→丁字步正弯腰；侧身弯腰→并列步正弯腰交替活动，可以避免腰部肌肉局部负荷过重的情况，这种肌肉有规律地交换，对于减轻劳动强度、保障瓦工腰部健康有益。

侧身弯腰和丁字步正弯腰都是动态不平衡动作，也是为克服瓦工惯于用单一弯腰动作砌砖的惰性安排的，这些动作不能静停，持续稍久就要消耗很大的体力，迫使砌筑者加快手的砌筑动作，去恢复平衡的体位。当侧身弯腰铲灰拿砖后转身，即完成动态不平衡→平衡过程，进入砌筑时，又形成丁字步正弯腰动态不平衡体位，只有加快完成砌筑动作后才能恢复平衡体位。如此往复有节律性的砌筑活动，有效地防止了腰部肌肉静停时间过久为维持肌肉张力而较早地产生疲劳，同时，降低了砌筑者的体力消耗，提高了效率，对于长时期用不正确弯腰动作砌筑的瓦工所产生的肌肉畸形和劳损也有一定的防治作用。

砌砖的弯腰劳动强度也不是一成不变的，上面所说的是砌筑初始低度弯腰的情况，腰部劳动强度最大。随着墙体砌筑高度的升高，弯腰的强度逐渐降低，因此，弯腰的劳动强度是一个由强变弱的过程。

手臂的劳动强度与腰部恰恰相反，是一个由弱变强的过程。砌筑开始，瓦工必须进行低度弯腰砌筑，这时腰部劳动强度最大，而手臂的砌筑活动是垂臂砌筑，从铲灰拿砖到铺灰砌筑的距离最短，因此，手臂用力很小，即使砌至 5～7 皮砖的高度，随腰部抬起，手臂仍能保持垂臂砌筑，劳动强度比较弱。当墙体砌至 0.8～1.0m 时，腰部已由铲灰拿砖侧身弯腰转身成直立姿势砌筑，这时腰部肌肉活动强度已经变弱。用时间划分，强度大的弯腰动作约占整个砌筑时间的 1/4 左右。而手臂的劳动强度随砌筑高度升起而逐渐增加，当墙体砌至 1m 以上高度时，需呈悬臂状态进行砌筑，尤其在砌 37cm 以上宽墙的外皮砖，砌高了不仅需要手臂平举用力，身材不高的瓦工有时还辅以耸肩踮足才够上砌筑面，这时肩、臂用力达到最大，也由于砌筑面过高，影响视角，铺灰准确度差，砌筑动作缓慢，增加了悬臂动作的静停时间，会很快产生疲劳。因此，一步架的可砌高度的规定是有一定科学道理的，它与墙体宽度和人体高度有关。砌筑高度与劳动强度相关线见图 7-1。

瓦工掌握了腰部和手臂劳动强度强弱互换的规律，就会合理运用技巧，调节砌筑过程中的体力消耗。例如，在低度弯腰砌筑时，砌筑者视角广，手臂活动范围小，用力又不大，利用这一有利条件可以加快砌筑速度，就能缩短低度弯腰的作业时间，相应减轻腰部劳动强度。当砌筑高部位墙体时，如能运用动作的连贯性，利用侧身弯腰铲灰拿砖后转身在前、双臂随转身在后，形成一个摆动趋势，将铲灰和砖提升到砌筑部位，对手臂用力也能起到减轻作用。当然，砌筑宽大墙体或砌筑外侧附墙砖垛时，应适当降低脚手架的搭设高度，也能收到降低体力消耗、确保砌筑质量的效果。

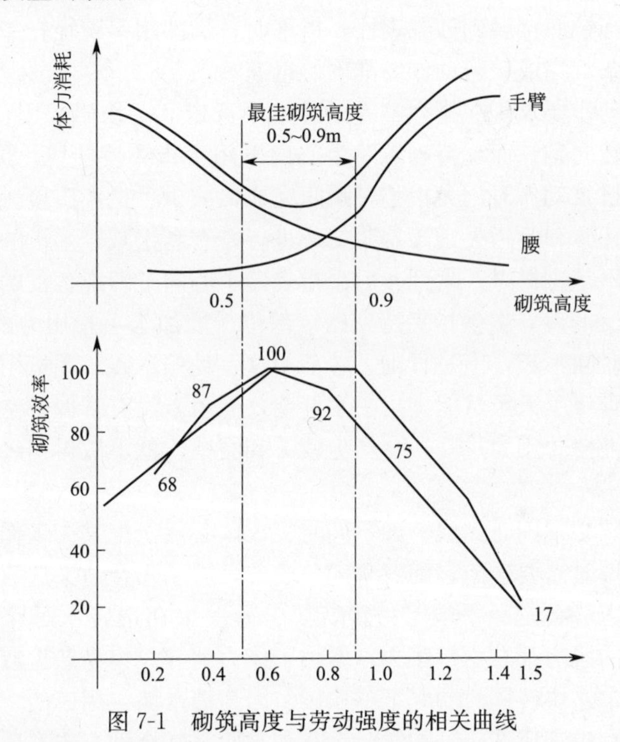

图 7-1　砌筑高度与劳动强度的相关曲线

（四）砌筑手法

砌一块砖究竟需用多少动作，不妨做如下分解：

90°弯腰（1）→在灰槽内翻拌砂浆（2）→铲取砂浆（3）→选砖（4）→拿砖（5）→转身（6）→走步（7）→把砂浆扣在砖面上（8）→用铲推平砂浆（9）→刮取碰头灰（10）→把砖放在砌筑面上（11）→用铲尖顶砖侧面扶砖搓平砂浆（12）→敲砖（13）→接刮余浆（14）→将余浆甩入碰头缝内（15）→二次敲砖（16）→再次刮浆（17）→将余浆甩回灰槽内（18）。

这 18 个动作包括了操作者不熟练和不良操作习惯所带来的多余动作。下面把主要动作做具体分解：

1. 铲灰和拿砖

铲灰是为铺灰服务的。砌什么部位，是砌条砖还是砌丁砖，铲起灰条的形状是有差别的。不正确的铲灰动作或随意铲取砂浆，铺出灰条难以做到量准和一次成形，还需做调整和推平砂浆，就会增加多余的动作。

要铲取量准合适的灰条，在铲取砂浆前，应先用铲底推平灰槽内砂浆的表面，这样，便于铲取不同形状的灰条。摊平砂浆有两个作用；一是每次铲灰后，砂浆表面呈现高低不平的状态，如果直接插铲取灰，难以取到量准和合适的灰条，影响铺灰效果；二是熟练的瓦工用铲摊平砂浆是为探测灰槽内砂浆的深浅，在快速砌砖中，瓦工的注意力和视线主要用于选砖、挤浆和跟线上，铲灰往往是凭手的感觉，当铲底接触到砂浆表面，摊平时，随即用手腕轻轻一转，插铲便能铲取合适的灰条。完成铲灰动作要准确、迅速。

拿砖也有动作要求。在排列整齐的砖堆中选定某一块砖，用食指勾起取出，然后转腕托砖转向砌筑面，待砌筑时手心向下用手指夹持砖块，进行稳砖挤浆，这样，在完成挤浆动作时用力很小，瞬间完成，减少手指和砖接触时间。由于拿砖动作由手掌托砖和手指夹持砖挤浆交替进行，有利于减轻手指的劳动强度。

有的瓦工不是这样做。拿到砖后手指夹砖手心向下即准备砌的姿势，将一块浇湿后重约 3kg 的砖，靠手指夹持到砌筑部位，增加了手指用力的时间和磨感。虽说这一动作时间不长，但是日砌千砖都用这一动作拿砖，手指用力消耗就相当可观了。有些青年工人虽然能砌出一手好墙，但由于没有掌握好拿砖的窍门，砌不多久，手指夹持砖用力过度，会产生疲劳和磨感，就不敢再摸砖了，影响砌筑效率和质量。

铲灰和拿砖必须同时完成。如不同时完成，必然产生某一动作静停时间的延长。如砌清水墙时需要选砖，随意拿起一块砖，看了不合适又选第二块，这时铲灰动作已完成，势必是一手端着一铲灰等着另一手在选砖，而且是弯着腰，使腰、腿及手臂的肌肉都在维持张力，增加了体力消耗，容易产生疲劳。熟练的瓦工选砖时，是拿这块砖同时看好下一块砖，因为清水墙仅用砖的一个好面，完全可以在砌筑过程中完成选砖。初学时铲灰和拿砖常常出现有先有后，在掌握动作要领以后，经过一段时间的练习，会很快使两个动作同时完成。

2. 转身、铺灰、挤浆

铲灰、拿砖的身姿要为转身铺灰挤浆作准备，动作应有个趋势，转身就像运动员起跑那样，利用微弯后腿的伸直，在身体重心移至前腿的同时，随手铺出砂浆。由于砌筑部位是由远至近、由低向高变化着的，总是用一种铺灰手法，不仅不能适应砌筑部位变化的需要，持续久了同样会产生局部肌肉疲劳，这如同打乒乓球一样，要根据“球路”远近高低的变化改变打法：砌低而远的部位，用“甩”的手法铺灰，砌近而高的部位，用甩灰就会变得费劲，甚至要打乱步法增加多余动作，甩出的灰条也达不到理想的效果。因此，砌砖铺灰也要像打乒乓球那样，用不同铺灰手法解决不同部位的砌筑，这样才有利于提高砌筑效率，减轻劳动强度。

各种铺灰手法如下：

砌条砖：

（1）甩：适用于砌筑离身低而远的墙体部位。在灰槽内铲取均匀的灰条，当大铲提升到砌筑位置，将铲面转成 90°，即手心向上，顺砖面中心甩出，砂浆呈条状均匀落下。用手腕向上扭动，配合手臂上挑力来完成。初学时常出现两种情况：一是甩出的灰条不匀，时而成细长条，时而成堆状，这是由于甩灰的速度快慢没掌握好的缘故；另一种情况是，甩出的灰条是斜的，原因是大铲没有顺砖面中心甩出。这需要做较长时间的练习，才能取得准确的落灰点。

（2）扣：适用于砌筑近身高部位的墙体。步法稍有变动，前腿后撤半步成正面对墙，铲灰时以后腿为轴转向灰槽，铺灰砌筑时又转为正面对墙。铲取灰条形状同前，反铲扣出灰条，铲面运动轨迹与“甩”正好相反，是折回动作，手心向下，利用手臂前推力扣落砂浆。

甩和扣的运动规律是相同的：将铲取长为 16cm、宽 6～8cm、厚约 5cm 的灰条，通过甩和扣，使灰拉长为 26cm、厚 3cm 宽为 7～9cm 的灰条，均匀落在砌筑面上，铺灰动作都是由灰槽中铲取砂浆，转身，随身体重心向前运动，顺势把灰条铺出，动作简练。以半砖宽墙计，可以保持“四甩二扣”动作，交替作业，熟练后是十分得心应手的。

（3）泼：适用于砌近身及身后部位的墙体。铲取扁平状灰条，宽 8cm，厚 3cm，提到砌筑面上，将铲面翻转，即手柄在前，平行向前推进泼出灰条，动作比甩简单，熟练后可用手腕转动呈半泼半甩动作，代替手臂平拉。半泼动作范围小，适用于快速砌砖，泼灰铺出灰条扁平状，厚为 2cm 左右，挤浆时放砖平稳，比甩灰条挤浆省力，因此，泼灰手法很受初学者欢迎。一般采用“远甩近泼”，特别在砌至墙体尽头，身体不能后退，将手臂伸向后部，用泼灰手法铺灰，动作轻松自如。

（4）溜：适用于砌角砖，是最为简单的铺灰动作，铲取扁平状灰条，将铲送至墙角，比齐墙边抽铲落灰。这样，砖角边砂浆充实，减少落地灰。

砌丁砖：

（5）扣：适用于砌 37 墙里丁砖，铲取的灰条前部略低，扣在砖面上的灰条外口稍厚，灰条长为 22cm，这样挤浆后灰口外侧易于做到严实，有时还伴以用铲边刮虚尖动作，使外口碰头缝挤满砂浆。扣的动作没有复杂技巧，容易掌握。

（6）溜：适用于使用外脚手架砌清水墙，铲取扁平状灰条，灰条前部略厚，落灰点向里移 2cm，挤浆后成整齐 1cm 缩口缝，铺灰时手臂伸过准线，铲边比齐墙边，抽铲落灰。

（7）正、反泼：适用于使用里脚手架砌外清水墙丁砖（37 墙），铲取扁平状灰条，泼灰时落灰点向里移 2cm，挤浆后成深 1 厘米整齐的缩口缝，省去接刮余浆和耕缝工作量。砌离身较远处采用平拉反泼，砌近身处用正泼。

正泼灰铺灰面积相当于一块半砖的挤浆面积，这样可以做“铺二砌三”动作，即第一次铺灰砌上一块砖，剩下半块砖砂浆面积，接铺第二次灰，形成两块砖砂浆面积，铲灰时随手拿起两块砖，放在砌筑面上，砌上一块再接砌一块，可以减少一次弯腰拿砖动作。

(8) 一带二：砌丁砖的碰头缝挤浆面积比条砖大 1 倍，外口砂浆不易挤严，有的瓦工采取打碰头灰做法：先在灰槽处将丁砖碰头灰打上，再铲取砂浆转身铺灰，这样砌一块砖，要做两次铲灰动作。“一带二”是把这两个动作合为一个动作，利用在砌筑面上铺灰之际，将砖的丁头伸入落灰处接打碰头灰，使铺灰同时完成打碰头灰。“一带二”铺灰后需用铲摊平砂浆，然后稳砖挤浆。另外，在步法上要随铲灰动作做相应的变换，砌离身较远部位墙体，铺灰时以前腿为轴，后腿前提，成正面对墙，完成稳砖挤浆后，随转身取灰之际，后腿又撤回到灰槽近处。砌近身部位墙体，以后腿为轴转动身体，砌筑手法与前同。

“一带二”尤其适用于砌拔檐砖打碰头灰，使碰头缝外口能吃上满口灰。对于基础及地下工程的砖墙，采用“一带二”使碰头缝外口挤严砂浆，减少雨水对墙体内部的浸蚀。

以上 8 种铺灰手法，具有简单易学、用力合理、动作范围小而省力的优点。

各种铺灰手法要求做到落灰点准、铺出灰条均匀、一次成形，消除铺灰后再做调平砂浆等多余动作。砌筑时，必须依照砌筑部位的变化，有规律地变换手法，做到动作简练、省力，快速地进行砌砖，从而提高砌筑效率，减轻劳动强度。由于采取了各种手法交替砌筑，使人体各部位肌肉在作业中都能得到休息，因而获得消除疲劳的效果。

考虑到任何一位优秀操作手，在砌筑中难免发生落灰点偏斜、不到位的情况，那也不要用铲扒动灰条，可在挤浆时用砖面“压带”调整灰条的位置。由于消除用铲扒动铺好的砂浆，所以挤浆后砂浆的饱满度均能达到 90%以上。

挤浆：

挤浆时，应将砖落在砖长（宽）2/3 灰条处，将高出灰缝厚度的砂浆平推挤入碰头缝内。铲灰时有个“揉”的动作，因为铺出灰条厚度有时超出 2cm，要砌成 1cm 厚的灰缝，如用强力压、搓或敲砖等，要花费较大的力气。这是因为砂浆中骨料砂子之间有摩擦阻力，使砂浆难以压薄。挤浆时采用“揉”，以柔克刚，使砖块产生轻微的颤动，砂浆产生液化，减弱骨料颗粒间的摩擦阻力，用砖的自重力就能使砂浆压薄，“揉”的过程使砂浆颗粒完全浸入砖的粗糙表面，形成吸附粘结，同时使一部分砂浆挤入下皮砖的竖缝内，补充碰头缝挤浆的不足，使砖块在砌体中，上下左右均被砂浆包裹，这对于提高砌砖体的抗压、抗剪强度极为有利。

挤浆时，大铲应及时接刮从灰缝中挤出的余浆，以减少落地灰。接刮余浆的另一目的是，检查砖的下跟棱的质量情况。发现不平应及时调整。接刮余浆时，大铲应随挤浆方向由后向前接刮，随后把余浆甩入碰头缝内或带回灰槽。接刮余浆应与挤浆动作同时完成，刮浆如一次未能刮净，可以在转身回铲取灰之际，再由前向后回刮一次，将余灰带回灰槽，进行砌下块砖的铲灰动作。如砌清水墙回刮改用铲尖耕缝动作，使砌墙同时完成部分耕缝工作量。

接刮余浆时，握铲的手指应放松，使铲灰用力、刮浆放松，肌肉用力一紧一松，同样会起到消除疲劳的效果。

通过对砌砖过程中手眼身法步动作的剖析，设计成两种步法、三种身法、八种铺灰手法、一种挤浆动作，成为规范化砌砖动作，使砌砖动作为：

双手同时铲灰拿砖（侧身弯腰）→转身铺灰（丁字步、并立步正弯腰）→挤浆同时接刮余浆→将余浆甩入碰头缝。

原来砌一块砖用 18 个动作，经过消除多余动作，合理运用技巧，组合成 3～4 个复合动作，大大降低了砌筑者的劳动强度，提高了砌筑效率。

运用规范动作砌砖，就能实现对砌砖质量的控制。所有的瓦工如都掌握“2381”砌砖规范动作，对各种铺灰手法都能做到铲灰量准，一次成形，灰条均匀，砌出的墙体就能做到灰缝均匀。挤浆如采取“揉”的动作，可提高砖与砂浆的粘结强度，而且砂浆饱满，从而提高了砖砌体的匀质性和砌体强度，质量便能得到控制。

三、技法速成训练

通过对“2381”砌砖动作的分解可以看出，砌砖的规范动作是由若干个简单动作组成的，这给开展培训工作提供了有利条件。但是，砌砖毕竟是一项具有较高技能的体力劳动，是一项涉及全身各部分肌肉复杂的、连锁的、本体感受性的运动。要使砌筑动作准确而有顺序、有规律地按时间隔交替变动肌肉用力状态，需要经过一段时间的专门训练。把砌砖规范动作列入基本功训练课目，对青工进行强化训练，就能达到速成的目的。

（一）“四阶段”速成训练法

借助于运动解剖学中运动技能形成原理，即“泛化→分化→巩固→自动化”四个过程，像训练运动员那样训练砌砖操作技能，从简单动作开始，由浅入深，逐步掌握全套砌砖动作。

1. 第一阶段：泛化过程

训练项目：铲灰→转身→铺灰。学员在操作台上进行单手铺灰练习。操作台高为 3 皮砖，长 6m，宽 37cm，上干摆 37 砖面，一个操作台安排 4 名学员练习，每人占用 1.5m 长，砖面的分格为落灰点的位置，练习用黏土砂浆，稠度同常用砂浆，可供长期使用。操作台训练见图 7-2。

训练开始，先由教练员进行示范动作，并讲解动作要领。学习 1～2 个动作，即甩和泼。学习步法：先为丁字步，转后为并立步。学习身法：侧身弯腰，即单

图 7-2　操作台训练

手铲灰→丁字步弯腰，即打出灰条，以身体重心在前后腿之间交换，进行交替动作练习。学习铺灰手法：铲灰→铺灰，要求做到铲灰量准，落灰点准，打出的灰条一次成形，铺灰手法的变换符合规范动作要求。通过这一阶段训练，使学员从动作僵硬不协调、用力不当状态，由大脑皮质中兴奋与抑制的扩散状态逐渐集中，由泛化进入分化阶段。

训练时间：每天 6h，大约需用 5～7 天，掌握 6 种铺灰手法。当多数学员进入适应阶段，初步掌握动作要领以后；可以进入第二阶段训练。

2. 第二阶段：分化过程

训练项目：继续巩固第一阶段的训练项目，配合步法转移练习。进行操作台全长铺灰练习，铺灰手法分里条外丁和外条里丁。学员在不断练习中，对铺灰技能的规律有了进一步理解，动作准确度逐渐提高，能较顺利、连贯地完成全部训练课目。但是，各种铺灰手法定型尚未巩固，遇到外来影响，如有人围观或操作位置稍有变动，还可能出现动作差错。这时，教练员要及时纠正不正确的动作，告知正确动作要领。

为避免训练中由于动作单调枯燥产生厌烦情绪，需对学员增加以灵敏和准确度为内容的训练课目。

砖条面甩灰条练习：将砖侧立，要求学员准确地将灰条打在 5.3cm 砖的条面上，不发生掉灰现象，要在 100 条砖面上有 80 个不掉灰为合格，90 个以上为优良。

第二阶段训练时间为 7～10 天。

3. 第三阶段

训练项目：砌砖全套规范动作练习。铲灰拿砖→铺灰挤浆→接刮余浆→甩入碰头缝内，用 3～4 个动作砌 1 块砖。通过近 20 天的反复强化训练，学员们的操作技能条件反射系统已经巩固，大脑皮质的兴奋和抑制在时间和空间上更加集中和精确。大部分学员不仅动作准确、完整，实现了砌砖动作规范化，而且，有些动作还出现了自动化现象，即不必有意识去控制，就能很好地完成动作，即使在外界干扰条件下，也不受影响。同时，身体内脏器官活动与动作配合得很好，腰酸疼消失，练习中自感省力，完成动作轻松自如。砌筑不仅动作熟练，而且身体素质也开始适应砌砖规范动作的需要，操作时出汗少，呼吸均匀。

第三阶段练习时，1个操作台安排4名学员，2砌2供，轮流练习。训练内容单一，就是砌→拆、拆→砌，如此反复循环，在学员生理、心理上产生一些反应，多数学员开始不满足于现有练习课目，迫切要求到现场去实际操作，在日常谈论和课堂提问时，有些学员会无意识地做一些砌砖模仿动作，同时也会出现对砌→拆练习的厌倦感。在这种情况下，必须坚持完成全部训练课目，适当增加课堂理论教学。

第三阶段训练时间为10天左右。

4. 第四阶段：自动化阶段

训练项目：现场实际操作。

随着学员们操作技能的巩固和熟练，出现一些自动化现象，手眼身法步随砌筑部位的变化，配合得十分默契，前一动作与后一动作衔接自然，多余动作完全消失。这时应安排现场实际操作。学员分砌与供两部分，定期轮换。实习中，学员必须严格按照动作规范和砌砖质量要求进行操作，开始应安排基础和混水墙砌筑，质量应按清水墙要求来砌，砌筑量和作业环境应尽量满足学员训练的需要。随着学员熟练程度的不断提高，日砌筑量由1000→1500→2000块，逐渐加大，并经常开展大运动量的砌砖训练，巩固熟练程度，以8h饱和砌筑量作为考核成绩。实际操作期间，要安排其他砌砖作业内容的学习，如砌角、摆底、留接槎、质量自检和生产班组管理等。学习成绩优良者提前安排进行清水墙的砌筑。

第四阶段练习期为2个月。

(二) 结业考核

经过3个月的训练，对学员进行如下考核：

(1) 砌砖动作应符合“2381”规范动作要求。

(2) 砌筑熟练程度以每分钟砌筑7～9块砖为合格。

(3) 连续作业日砌筑量在1500块砖以上，质量达到合格以上。

(4) 理论笔试，以砌砖工程作业标准100例为主要内容命题考试。

实作考试采取技术比赛方式进行。技术比赛现场见图7-3。

比赛规则如下：

1) 现场应做好一切准备工作，如灰槽安放位置、间距，角部预打七分头砖及拉结筋、木砖准备，墙底标高误差调整等，准备就绪立即开赛。

2) 质量自检三层一吊、五层一靠，由裁判员提醒，进行检测，检测时间为

(*a*)

(*b*)

图 7-3　技术比赛现场

(*a*) 2381 技术大赛现场（浙江·杭州）；(*b*) 2381 参赛选手合影

3～5min。

3）发现有违例及质量偏差，裁判员可以提醒一次，再犯者按标准扣分。

4）同一条拉线，个别选手因故砌筑速度跟不上，影响升线，裁判员有权调用其他选手协助，或同裁判长商定，经选手同意调整砌筑量。

5）选手在砌筑中，发现非自身操作因素的质量问题，如跟线偏差、基底标高误差过大、湿砖不良、清水墙供残次砖多、砂浆和易性差等，允许提出意见和要求。解决方法除了改善操作条件以外，可用不扣分方式解决。

6）各领队可在休息时间进行场外指导，但选手在操作中不得任意提醒，如违例，扣除代表队总分。

7）比赛中，选手必须听从裁判员的指挥和判决。违者，提出一次黄牌警告，不听劝阻继续违例的选手，经裁判长批准，令其退出赛场。

8）质量评定采取“闭卷实测”，各选手成绩当场测算揭晓。对选手得分情况原则上不予解答，对确有判分误差，经各领队提出，由裁判会议商定酌情解决。

9）参赛选手在比赛中除了坚守岗位认真作业以外，还要发扬互助友爱的精神，协助做好一切有利于比赛顺利进行的工作。

（三）注意事项

(1)"2381"基本功训练不仅能提高操作技能的熟练程度，也是对学员的意志和身体素质的训练，使身体素质经过锻炼适应砌砖作业的需要。比如铺灰训练，学员需要在90°弯腰条件下，使身体重心在前后腿之间来回摆动，进行转体练习，每天要训练6h，每次持续1.5h，每天3000次，最高达5000次，这样有规律的大运动量训练，对腰部肌肉有一定健身作用，学成后参加砌砖劳动，犹如体育活动，动作轻松自如，完成国家定额日砌1000砖，只需3.5～4h有效作业时间。

(2) 自动化训练阶段的重点是双手的配合和腰部活动，砌筑动作要形成"时间差"，铲灰拿砖同时、铺灰挤浆连贯、接刮余浆及时，只有提高双手配合的熟练程度，加快低部位砌砖的速度，并随砌筑高度上升，相应缩短低度弯腰作业时间，才能有效地减轻腰部劳动强度。由于习惯于3种弯腰的动态不平衡的动作交换，有利于瓦工腰部的健康保护。

(3) 由于砌筑动作的连贯性，前一动作成为继起动作的条件刺激，砌筑过程中人体处在动态不平衡——平衡的交替过程中，上一个动作会迫使下一个动作的加速完成，无形中加快了砌筑速度，最快砌筑速率可达每分钟13～15块。考虑到砌砖是持续8h的作业劳动，任何过快过慢的动作，其劳动强度都是高的，过快的动作会使大部分体力消耗于克服肌肉的黏滞性上，转化为热能消耗掉；慢动作会使肌肉过多地维持张力，坚持不了多久，同样会较快地出现疲劳感，根据对砌砖熟练瓦工的测定，适宜的砌筑速率为每分钟砌砖7～9块，这是指挂线后开始砌筑的速率。

(4) 根据学员的年龄、身体素质和反应能力，安排训练作业量和进度。四个阶段训练过程不要求所有学员都同步，可以越级训练，拉大差距，这样在学员中间产生竞争心理，有利于提高训练效果。对于动作反应迟缓的学员，应耐心帮助，给予充足的训练时间和个别辅导，每当训练取得一点成绩，都应予以肯定和鼓励。教练工作除了做示范动作以外，应加强训练巡视检查，培训班一期为40名学员，配教练各2名，各负责指导20名学员，及时纠正不正确的动作。

四、作业疲劳控制

众所周知，砌砖作业的工程质量和效率，取决于瓦工操作技术的熟练程度、责任心和疲劳程度三要素。疲劳程度的控制是个重要因素，那就是怎样保证瓦工在完成砌砖全日作业中，体力消耗控制在疲劳限度以内。劳动生理学中指出：人体劳动时肌肉作业消耗的能量，并非完全用于做功，而有一大部分变为热能所丢失。多数实验结果表明，人们肌肉作业的工作效率仅为15%～30%，可见其能量利用率之低。砌砖作业在未改进之前是动作繁杂的工种，其中有不少多余动作，使更多的体力消耗于做虚功上。与其他工种相比，其肌肉作业效率偏低。由于砌砖是一项持续性的体力劳动，作业时间过久，肌肉运动呈现着连锁状态，中枢神经将产生保护性抑制而出现疲劳现象。瓦工在疲劳状态下继续作业，中枢的共济失调，工作的准确度下降，使砌筑质量和效率也随之下降。如经常处于疲劳状态下进行操作，或长期用不正确的姿势砌砖，或砌筑者缺乏对操作健康保护观念，就容易产生劳损现象，其中以腰肌劳损最为突出，这就是砌砖作业因疲劳而引起劳损的基本原因。

怎样确保瓦工作业不发生过度疲劳，是保护瓦工身体健康、预防劳损的关键。控制砌砖作业疲劳、提高砌筑效率的途径应从以下几个方面做起：

（一）提高砌砖操作的熟练程度

操作熟练的瓦工，疲劳程度低。对于初学者来说，用“2381”科学方法进行基本功训练，可提高操作熟练程度和适应砌砖作业需要的身体素质。对于未经专业培训的瓦工，要勇于改变不良操作习惯和消除多余动作，使砌筑动作合于“2381”砌砖动作规范，这样才能减轻劳动强度。考核砌筑操作熟练程度的主要标准如下：

（1）消除多余动作，提高体力劳动肌肉作业的工作效率，避免体力消耗于无效劳动上。

（2）砌砖动作要合乎节律性，采用复合动作，即前一动作成为继起动作的条件反射，周而复始地有规律地进行操作，使各部分肌肉交替用力，达到消除疲劳的目的。

（3）采用合宜的砌筑速率，任何过快、过慢的砌筑动作，其肌肉作业效率都是低的，都会较早出现疲劳。

（二）环境

（1）实现文明施工，给操作者以稳定、安全和向上的感觉，有利于消除心理疲劳，提高生产效率。曾作过这样的测定：同一生产班组，在文明施工的现场和在堆料混乱、多工种交叉作业、机械噪声的现场进行砌砖作业，其效率竟然相差30%，其原因是不文明施工环境给操作者造成精神上人为的紧张，加快了疲劳的出现。

（2）砌筑者必须为自己创造一个良好的操作环境。有经验的瓦工上岗以后，不是急于砌墙，而是先做好一切准备工作：如调整灰槽安放的位置，拌好砂浆，砖堆码放整齐，再检查墙底线和接砌墙体的偏差情况，以便再砌时进行纠偏，做好墙体摆底，对墙角及门窗口位置，预打七分砖，备齐木砖、拉结筋等埋件，最后清理操作走道上的碎砖杂物。如果在脚手架上砌墙，还要检查架子是不是搭设稳固，脚手板铺设是不是平坦。待以上准备工作就绪，便开始砌筑。这样操作者会感到十分得心应手，一口气就砌上好几皮砖，也不觉得费劲，质量和效率必然取得好的效果。

(3) 脚手架的搭设和改革：一步架搭设的高度与墙体宽度、操作者的身高有关。根据我国新中国成立以来人体身高增长的变化，青年人身高多数已超过1.7m，原规定一步架可砌高度也可随之增高，24、37墙可砌高度一般为1.3～1.4m，49墙为1.1～1.2m，这样，层高为2.8m的住宅建筑，搭一步脚手架就可以满足了，简化脚手架的搭设有利于提高砌砖效率。脚手架搭设高度应低于已砌墙体一皮砖，避免在架子上砌“捞活”，减少极低度弯腰砌砖作业。

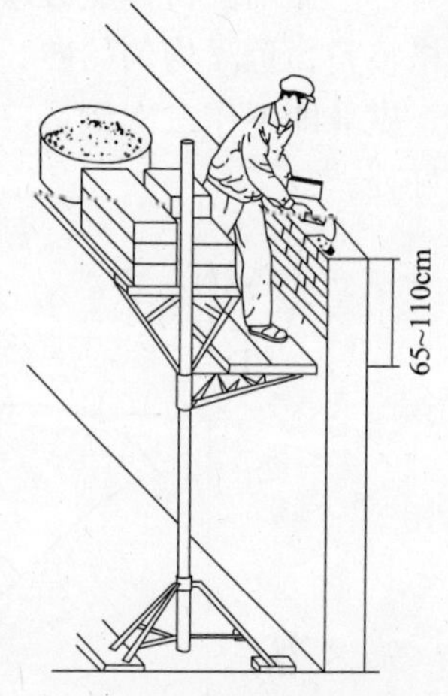

图7-4 单管提升式脚手架

减轻砌砖弯腰强度还在于对脚手架的改革。20世纪60年代初，我国就有提出改革脚手架砌砖不弯腰的设想，并研制成功单管提升式脚手架。(图7-4)根据砌筑高度和砌筑效率的变化曲线和砌筑高度与劳动强度的相关曲线，测得最佳砌筑高度为0.5～0.9m，这种提升式脚手架能满足这一要求，使砌筑者上架子砌墙始终保持直身砌筑，是对瓦工作业腰部健康最有效的保护，而且提高砌筑效率25%左右，经使用证明，深受广大瓦工欢迎。这种脚手架目前虽不见使用，但给今后脚手架改进提供很好的启迪。

(三) 施工组织安排

(1) 砌筑段的分配应采取以半日砌完一步架二区段作业制，这样可以减少瓦工低度弯腰砌砖的持续时间。把低度弯腰操作安排在早晨开始上班精力充沛和午休后的时刻。随着砌筑高度的升高，弯腰强度随之减弱。上午至午休前正好砌完一步架。下午经午休后，疲劳得到一定的恢复，又进入另一区段进行低度弯腰砌砖是适宜的。

二区段作业使腰部肌肉活动有所缓和，疲劳在作业过程中自行消失。如把砌筑段安排得很长，即大于10m，会延长低度弯腰操作的时间，易于较早地出现疲劳，影响砌筑效率。由于砌筑段过长，低头砌砖挂线迟迟不能升起，给砌筑者以作业缓慢的错觉，容易产生急躁情绪，打乱正常动作规律，加快疲劳的出现。两区段砌砖作业见图7-5。

(2) 同一挂线上应配备操作技术水平基本相当的瓦工。砌砖作业是多人共同操作的项目，同一条挂线上常需配备多名瓦工砌筑，如技术水平差距太大，容易出现相互干扰，影响各自技术的发挥，砌筑的质量和效率必然下降。

(3) 提倡技、普轮作制，改革过去对砌筑和供料严于分隔的制度，这对同时进厂的青工来说，有利于青工学习技术。技、普轮作使劳动方式按一定时间进行轮换，也能使长期弯腰砌砖疲劳得到较长时间的休息和恢复，同时，让技工与普工互相体察作业联系的规律，有利于加强操作中的相互配合。

（4）强调供料作业必须做到供好、供足、供准。供好即瓦工砌清水墙时供给规格整齐、色泽均匀的砖，供在灰槽内砂浆的和易性要好。供足即不发生停工待料。供准即不作二次倒运，减少清理工。这些对瓦工减轻劳动强度、提高效率都有好处。

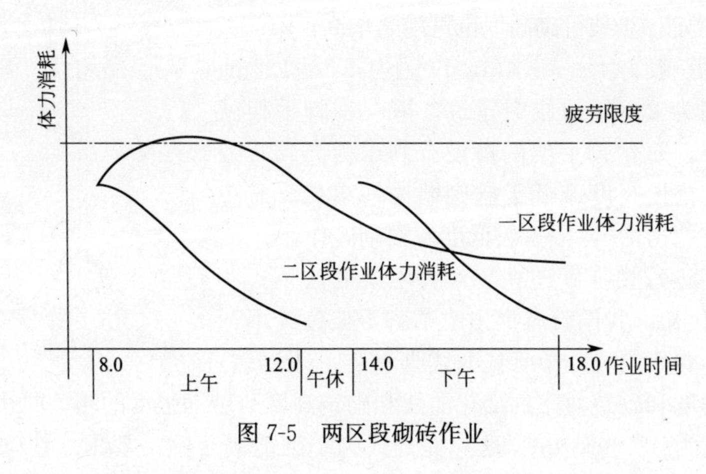

图 7-5　两区段砌砖作业

8　砌砖工程质量控制方法

砖砌体的质量控制，是一项既繁杂又细致的工作。由于我国幅员辽阔，各地区砖和砂浆材质的差异以及操作方法的不同，特别是在近几年，许多农村建筑队伍进入城市承包砌砖工程，有些队伍技术素质低，缺乏技术管理，施工质量粗糙，质量事故屡有发生。从总体上来看，一些地区的砌砖工程质量处于失控状态。

一、砖的质量状况

某市 20 个工地砖抽样试验统计，试件中 MU15 以上砖占试件总数的 70%，MU10 以上砖为 27.5%，MU7.5 为 2.5%，有的砖厂生产的一级砖均超过 MU15，可视为质量最高水平。

砖强度等级不满足设计要求，可使砖砌体强度下降 30%～40%，直接危及结构物的安全。除了加强材料部门和试验室的密切配合，严格把关和对施工现场砖的抽样试验外，施工管理人员和操作工人还要学会砖的质量鉴别，掌握从砖的成色、外观、敲击声响等判断砖的质量的简易识别方法，避免将不合格砖用于主要承重部位。

色泽均匀、规格整齐的砖，是砌筑清水墙的首要条件，同时还能增加操作工人心理上的质量意识。一般情况下，同一窑烧制的砖，色泽、规格是一致的。瓦工最忌用不同砖厂生产的砖砌筑清水墙。

二、砌筑砂浆质量情况

据京、津两地 5000 组砂浆试块强度结果表明：砂浆强度离散性比混凝土大 2～3 倍，强度规律基本符合正态分布特性，但又不完全服从于这种规律，见图 8-1. 为求得砂浆强度的“庐山真面目”，笔者曾参加了半年的拌制砂浆劳动，

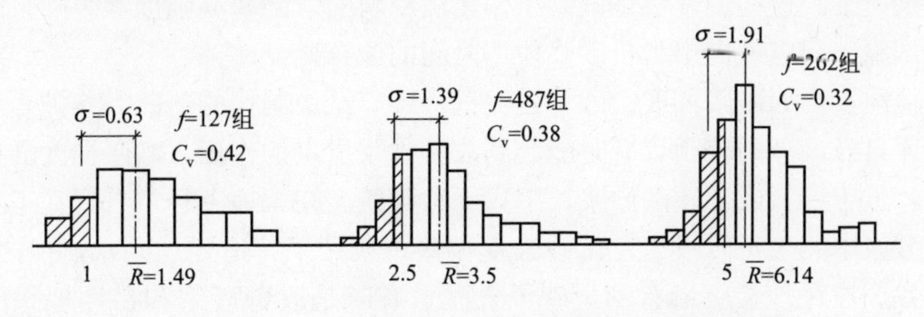

图 8-1　M10、M2.5、M5 砂浆强度统计直方图

动员了相当的人力、物力，严格按规范计量过磅标准养护，却仍没有得到理想的结果。

这说明即使操作十分精心，砂浆作为水泥人工材料，仍对各种影响因素反应十分灵敏。

三、影响砂浆试块强度的因素

影响砂浆强度的因素是多方面的，其中主要因素是砂浆塑化材料的掺量和砂浆的使用时间。

为了改善砂浆的和易性，塑化材料（石灰膏）掺量在实际操作中超过配合比规定的情况十分普遍，因为拌制砂浆大多使用含渣量较多的低质灰膏，按配合比计量投放，和易性达不到要求，于是就多掺。试验证明，石灰膏掺量如超过规定1倍，试块强度会下降40%，见图8-2。

在管理不善的情况下，塑化剂（微沫剂）过量掺入砂浆中，造成砂浆数日不凝现象也时有发生。

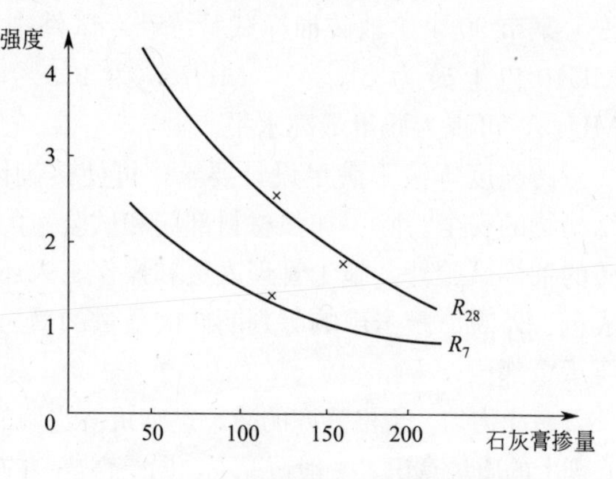

图8-2 石灰膏掺量与试块强度关系

砂浆使用时间超过规范规定，在工地上是普遍存在的。规范规定：水泥砂浆和水泥混合砂浆必须分别在拌成后3h和4h内使用完毕；如施工期间最高气温超过30℃，必须在2h和3h内使用完毕。这条规定实际上难以做到，因为砂浆的拌制不能像混凝土那样随拌随用，必须事先有一定量的储备，从砂浆拌出运至各个砌筑部位，一条长墙需要各个灰槽都盛有砂浆方可同步砌筑。如果遇到瓦工做操作准备、转移作业面或运料途中停歇过久等现象，这些时间的累计，很容易使一部分砂浆超过规定的使用时间。由于砌砖部位不同，每天的砌砖量不是固定的，计划不周就会造成剩余砂浆。这些现象都是试验工作无法反映的。随着高强度等级砂浆的普遍使用，试验部门应该提出延长砂浆使用时间的配合比。

其他因素，如砂浆稠度、砂子含泥量，还有试块制作的垫砖、养护等，因受生产工序自身调节的控制，有时能起到改善砂浆质量的作用。砂浆稠度受操作条件限制，过于稀释或干硬的砂浆，工人无法砌筑。在工地上经常看到瓦工在过于稀释的砂浆中插入干砖吸水，使砂浆变稠些；太稠了，适当加些水，使之变稀。这种自我调控对砂浆质量有利。砂子含泥量有时是改善砂浆和易性理想的填充料，直接与水泥拌和即可获得和易性良好的砂浆，含泥量对强度的影响应在砂浆试配中予以解决。至于试块的垫砖、养护等试验工作误差，对砂浆强度影响与实际施工不相干，这说明砂浆试块不能全面反映实际施工中砂浆质量情况的缺陷。

四、砂浆质量控制方法

规范规定：砂浆试件以每 250m^3 砖砌体中取试一组。以一盘砂浆取试一组计，子样代表率为总体的 1/800～1/1100，250m^3 砌体留试一组，相当于再放大 200 多倍，如此微小的子样，对于离散性很大的砂浆来说，很难代表真正的砂浆强度。因此，对砂浆的质量控制就不能完全依赖于用“数据说话”。在实际工程质量控制中，有些因素的非线性、多种参数的复杂性和检测条件的限制等原因，使我们无法得到工程的精确数据，因此，需要凭借经验积累的“眼估目测”手段辅助判别。如砂浆稠度、和易性等，操作人员看成色或用铲翻动的手感，就能评估质量的优劣。有经验的操作工人、检测人员正是凭着这些“模糊”的控制方法，对施工过程进行有效控制。

按照数理统计方法推算结果，砂浆强度变异系数为 0.3 左右，也就是说试块强度的下限有低于一级的可能。现场大量实测结果表明，砂浆强度低于$\overline{R}-\sigma$ 的机会极少，同时考虑到正常施工条件下，砂浆强度的波动对砌体强度影响很小，为 5%～10%，因此，将砂浆试配强度控制在$\overline{R}-\sigma$ 之内，其保证率为 85%（实际上高于这个数值）是较适宜的。

综上所述，优质的砂浆应定义为：必须具有良好的和易性和保水性，在砌筑过程中无分层离析现象；挤浆时易于做到横、竖灰缝砂浆饱满。砂浆同时必须具有一定的强度和耐久性，在砌体中均匀传递荷载和抵御大气的侵蚀。

依据以上原则，砂浆试配工作应结合工地材料情况，在施工现场进行，邀请工人参加，塑化材料掺量以满足和易性要求为宜。以不同单方水泥用量的砂浆配合比，各制作 30～50 组试块，经标准养护得出不同水泥用量$\overline{R}_{28}$、$\overline{R}$和 σ，描绘相关曲线（图 8-3，以$\overline{R}-\sigma$＝砂浆设计强度等级查找对应的水泥用量，即

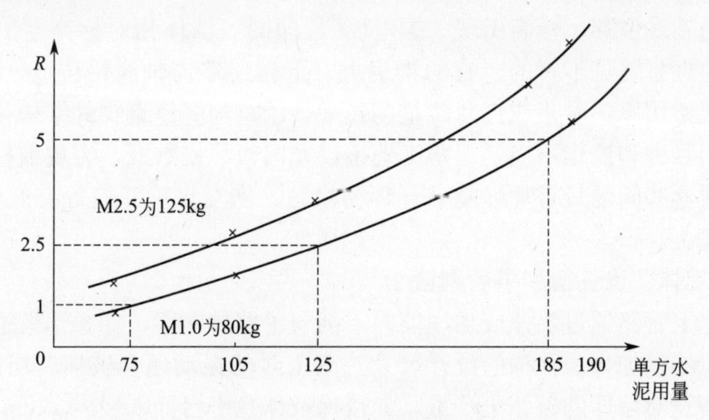

图 8-3　砂浆强度与单方水泥用量$\overline{R}$、$\overline{R}-\sigma$ 曲线

为配合比中的单方水泥用量）。

将这个配合比发到工地，经过一段时间（3～6个月）的实际使用，把留试结果定期反馈，从中分析影响质量的因素，调整配合比，使砂浆质量不断改善，克服以少量试块数据难以对砂浆质量做出正确评估的缺陷，改变当前一些施工单位砂浆生产管理没有改善，而“试块”强度却不断提高，用失控的伪数据赢得质量评定合格的作法。

五、当前砌砖工程质量状况

（一）砂浆饱满度和砖层间的粘结强度

目前我国大部分地区仍沿用砂浆饱满度难以保证的铺长灰摆砌法，即使有些用大铲工具砌砖的地区，也不能坚持一铲灰、一块砖，一挤浆的“三一”砌砖法，尤其是在砌基础大放脚和50墙中间填芯砖时，铺少许砂浆干摆，砂浆饱满度仅为20%～30%。另一个质量问题是砖层间粘结力差。

摆砌不能形成挤浆，竖缝干砌十分普遍，竖缝砂浆不饱满或干缝，砌体抗剪强度下降40%～50%，严重地影响了砖结构的抗震性能。对于清水墙来说，也降低了保温和防雨水渗透的功能。

同样的砖和砂浆材料，当横、竖灰缝都充满砂浆，砌体强度可提高2～3倍。

用“2381”砌砖法中“揉”的挤浆规范动作操作。具体做法是提前一天湿砖，砌筑时砖面略见风干，以保证挤浆后砖能吸取砂浆中一部分多余水分，使砂浆颗粒向砖面靠拢，形成吸附粘结，使灰缝中的砂浆更加密实。“揉”是手指扶砖在砂浆面上轻微颤动，砂浆产生液化，减弱砂浆骨料间的摩阻，排除气泡，压薄灰浆，使砂浆颗粒完全充斥砖的粗糙表面。“揉”还可以使砖面上附有的粉屑经搓动进入砂浆中，增强砖与砂浆的接触，使横、竖灰缝砂浆饱满度接近100%。“揉”的操作方法简便易学。

（二）墙体的轴线和标高

墙体的轴线位移，标高出现“螺丝墙”，即同一墙体相对标高差一皮砖，在一些工程上也是屡见不鲜的。有的楼房上、下楼层墙体轴线错位5～6cm之多，墙体标高误差用厚垫砂浆或打薄砖垫砌找平，严重削弱建筑物的结构强度。主要原因是施工管理和操作不当，一些工地不设龙门板、皮数杆，有皮数杆也不按其砖层砌。对这些问题只有加强基础管理的教育，恢复自检互检等有效管理手段，方可得到解决。

（三）墙体留设孔槽和事后剔凿

水暖电卫管路通过墙体或预埋墙内，削弱了墙体断面，如果预留遗忘还需剔凿，其结果不仅加大了孔槽的设计尺寸，剔凿时的振动还会破坏砖层间的粘结。水平槽的留设对墙体的破坏更严重。如楼梯及休息平台伸入墙内12cm，使24墙一半悬空，在楼梯混凝土浇筑后，上口的空隙不会被人注意，抹灰时塞些砖头草草一抹了事，留下隐患。有些设计对孔槽留设提出不合理的要求，直径10多厘米的管道也要埋于墙内，砌筑时打砖留出缺口，砖缝咬合不上，使墙体被割断，这种对墙体的破坏因符合设计图纸要求，视为正常，不受规范约束。因此，杜绝施工中剔凿现象，不仅需要加强施工管理，更需要设计人员周密考虑。

（四）砖柱包心砌筑

规范规定砖柱不允许采取包心砌法。这对于大断面砖柱（50cm×50cm）是适宜的。目前应用最广的是37cm×37cm砖柱，采取打砖错缝砌法有以下一些缺点：（1）每皮砖层需用两块七分砖，由于砖质次，打砖损耗很大；（2）打成的七分砖有“内伤”，且斜缺口使砖柱断面损失5%左右；（3）砖柱中间的丁砖砌筑时挤浆困难，水平缝和两侧竖缝砂浆难以饱满；（4）砖柱的一侧上、下咬缝为1/4砖搭接，而且是在七分砖的破口处，整体性差。鉴于以上情况，建议37砖柱仍应恢复包心砌法，周围丁条十字搭缝，横竖灰缝砌筑时挤浆易于饱满，整体性好。笔者曾在1976年唐山大地震后做震害调查，未发现有37砖柱因包心砌筑而产生劈裂性破坏。为增强砖柱整体性，构造上在柱顶采取现浇混凝土柱帽，荷载较大的37砖柱可以采取包心砌加配筋。

（五）清水砖墙问题

近些年我国不少大中城市清水墙几乎绝迹。主要是砖的材质差，砌筑时挑不出好砖面，工人操作技术水平低。

也由于质量检验标准对清水墙的要求过于严格，促成强调砖的规格作为砌筑清水墙的先决条件，迫使不少地区清水墙的设计变更为混水墙。

量大面广的清水砖建筑，数百年以它固有的长处延续至今，这与人们的传统习俗、心理习惯密切相关。因此，应大力提倡清水砖墙建筑，而“2381”砌砖法的宗旨就是训练砌筑清水墙的操作手。

（六）混水墙的质量通病

直缝、两层皮、咬槎不严、墙面严重凹凸不平、灰缝扭斜等，这些质量问题在一些农民包工队的青工中严重存在，他们将工程作为练习操作技能的试验品，最后“齐不齐一把泥”，一抹了之，造成工程隐患，危害极大。解决的办法是加强对农民包工队技术资格审核，确认上岗人员，加强日常质检工作。

六、质量控制有效途径——“2381”砌砖工艺

“2381”砌砖工艺是经过数十年的探索，在总结我国砌砖技术和施工管理正反两方面经验，继承和发扬我国砌砖技术优良传统基础上，运用现代管理科学原理，对传统砌砖工艺进行全面改造的一项新技术，经国家科委批准列为国家“八五”重点科研成果推广项目。

（1）“2381”规范砌砖动作对操作质量的控制在进行砌砖动作设计时，除了消除多余动作提高工效以外，在砌筑手法上，包括7种铺灰手法和1个挤浆动

作，都是为确保砌筑质量服务的。铺灰要求做到铲灰量准，打出灰条一次成型，厚度均匀，正好满足一块砖的挤浆面积，砌出的墙体灰缝均匀，水平灰缝和竖缝砂浆饱满。通过挤浆揉的动作，砖层之间形成强大的吸附粘结，砖在砌体灰缝中上下左右均能被砂浆所包裹，无疑的对提高砖砌体的抗压、抗剪强度极为有利。

经过“2381”砌砖工艺科学训练的工人，操作技能形成条件反射，训练中排除一切不符合质量要求的粗作陋习，不论在任何环境条件下，砌筑质量均保持在国家规范要求以上。

另外，操作工人经过强化训练，使身体素质适应砌砖作业的需要，实现了作业疲劳控制，完成国家定额只需 3.5～4.0h，在每日的操作劳动中，人体始终保持充沛精力，保证了砌砖动作的准确性，从而确保砌砖操作质量的匀质性。

(2)“2381”标准化管理技术对砌砖工程质量的控制作用：

砌砖作业是工人集体劳动的产品。它的质量不仅表现在工人的操作技能和操作水平上，由于它的生产工艺流程不同于其他工业，产品的固定、人员的流动，生产过程每时每刻都在动和变，怎样通过科学的管理，合理分工，为工人创造良好的作业环境，使他们的生产技能和劳动的积极性得到充分的发挥。再有如前面所提到的墙体轴线、标高控制，预留预埋，门窗洞口留设，施工段留槎、接槎，墙面组砌缝式等，均属管理工作范畴，这是一门综合性的管理技术。运用网络图式，对砌砖作业全过程进行剖析，把作业过程所需完成的作业内容，按照人、机、料、法、环五大要素，大致排出 100 多个项目。

这些项目对质量、工效都有联动作用，分析每个项目完成的必要性和标准做法，用条文形式编写成作业标准，把砌砖规范动作也列入标准，使繁杂的砌砖工艺做到条理化、专一化，凡参加施工的管理人员和生产班组的工人都有规定的作业内容和标准做法，大家都照此办理，相互配合，相互制约，质量即得到控制，生产效益便能大幅度提高。

对一些工程进行标准化管理的结果表明：其综合经济效益可提高 15％～20％。“2381”砌砖法在国家建筑劳务基地对农民建筑工的培训和所承包的砌砖工程实行标准化管理技术，效果尤为突出。我们曾对 5 支素质低下的农民建筑队进行了培训和标准化管理，3 个月以后合格率以每月 10％递增，其中 3 支队伍完成的砌砖工程达到了优良品标准。

“2381”砌砖法经历了 10 年的推广应用，培训工作已由单一工人操作技能训练转化为以标准化管理为主要内容，生产班组全员参加的整建制培训，强化质量意识，使新一代工人成为熟练掌握“2381”操作技能，又有一定科学管理知识储备的劳动者，形成对人的操作因素全面控制。对施工管理人员的标准化管理技术的培训，也将纳入全面质量管理教育轨道，这预示着我国砌砖工程质量控制工作正在向新的高度迈进。

9 砌砖作业的人体工效学

长时期从事砌砖劳动的工人，容易患有职业性劳损疾病。通过研究“2381”科学砌砖法，对传统砌砖技术加以精炼、简化，设计成符合人体生理活动规律的规范化砌砖动作，将其研究方法介绍如下：

一、资料和方法

（一）“2381”作业设计

作业设计是运用人类工效学原理，从人的生理、心理出发，按照人的静态和动态特征以及人对外部刺激反应的原理和方法，进行作业设计，形成最优的作业操作系统，达到安全操作、省力，减少疲劳、保护工人健康，提高作业效率的目的。

1. 砌砖动作研究

作业设计首先是动作研究，重点放在确保操作质量和降低劳动强度上，使动作成为与生理节奏相协调的规律性循环运动，达到劳动轻松化，以提高劳动生产率，并力求在劳动中保持各部位用力均衡，根据肌肉群协同工作交替用力的原理，改变旧有砌砖方法单一肌肉活动的劳动方式，有效地预防单一肌肉活动而引起的劳损疾病。

2. “2381”操作特点

“2381”是指 2 种步法、3 种身法、8 种铺灰手法、1 种挤浆动作，称为“2381”规范化砌砖动作。

（1）以丁字步、并列步交替站立姿势进行操作，身体重心在双腿间来回摆动，站在一个位置上，可完成 1.5～2.0m 长墙体的砌筑，形同人之步行，操作一天不会感到疲劳。

（2）身法：过去工人操作时，为了维持上身平衡，采用单一静态动作，造成背部骶棘肌过度拉伸，腰部劳动强度大，是腰肌劳损的主要致病原因。“2381”是用 3 种弯腰身法代替单一弯腰砌砖动作，取灰、拿砖用侧身弯腰，斜肩、后腿微弯配合腰腹部组成复合肌肉群协同工作的砌砖动作，用臀大肌为支点，辅助腰部用力，弯腰内角由原来≤90°扩展到 135°，减轻骶棘肌拉伸用力。转身铺灰、挤浆用丁字步正弯腰，利用后腿伸直，将身体重心移向前腿，右侧弯腰仍保持 135°，左右两条骶棘肌交替负荷。砌至近身时前腿后撤成并列并正弯腰，身体重心还原。如此周而复始，作业过程由动态不平衡到平衡交替，形成有节奏的往复式的作业动作，体能消耗减低。随砌筑墙体升高，腰部亦随之抬起，弯腰疲劳由强变弱，渐渐消失。

（3）铺灰手法：采用8种铺灰手法，按砌筑变化位置打出灰条。手臂、腕关节和手指交替用力，并互有间歇，改变过去单一的前臂和腕关节用力状态，防止腱鞘炎、网球肘等劳损疾病的发生。

（4）挤浆采用以柔克刚的手法，在铺好的灰条上，将砖推挤就位，手掌扶砖微颤，采取揉的动作，用砖的自重压薄灰缝，同时使横、竖灰缝都充满砂浆。“揉”保护手指免于夹持砖块挤浆用力地摩擦。

（二）职业性劳损疾病防范措施

1. 全面开展“2381”基本功训练

“2381”作业动作的简化，为培训工人提供了有利条件。训练中应注意强制工人克服有害健康的静态习惯动作和加强自我调节各部位肌肉用力状态，增强腰腿、手臂、腕关节各部位肌肉适应砌砖作业的需要，从而达到控制作业中身体各部位疲劳现象。

2. 两区段作业制

经过试验将低度弯腰作业时间控制在1h以内，即有效地控制弯腰疲劳。因此改革了把国家定额日砌砖量放在一区段内操作方法，避免了低度弯腰作业时间超过2h。“两区段”法将劳动强度较大的低度弯腰作业，安排在早晨刚上班和午休后人体精力充沛时进行，每区段低度弯腰作业时间不超过1h，大大减轻了作业疲劳。

3. 对砌砖工具的改革

旧砌砖工具重量为1kg，根据“2381”手腕活动角度及用力特点进行工具设计，重量降为0.25kg，使手腕作业负荷大为减轻，手腕操作活动角度平缓，减轻腕部疲劳，预防腱鞘炎、网球肘等职业性劳损疾病的发生。

二、讨论

“2381”科学砌砖法是运用人体科学和现代管理学，对传统砌砖技术进行综合研究和运用，是对人体潜能开发综合运用的改革，使我国建筑业占80%以上的砌砖作业的工程质量和作业效率获得较大幅度的提高，综合效益提高15%～20%。在职业性劳损防治方面效果突出，腰肌劳损是砌砖工人严重的职业性疾病。据我们调查，从事砌砖劳动10～15年以上者，约有80%不同程度患有腰肌劳损，均因腰痛病提前离开砌砖岗位。经“2381”发明者亲自训练的天津铁路工程段105名“2381”操作手，连续工作10年均未发现腰肌劳损等职业病，并且在全国青工比武中有3名“2381”操作手成为十佳技术能手，10年全国接受培训的工人达数十万，在各自生产岗位发挥了骨干作用。

10　从围墙倒塌事故说起

一、直击现状

近些年来笔者所见所闻，由砌筑质量引发的事故屡有发生。

河北省邯郸一中学砌筑围墙，施工中发生倒塌事故，压伤多名工人（《建筑工人》杂志 2006 年 9 期“违反操作规程酿恶果”）；据黑龙江电视台报道，哈尔滨市郊和平坊地窖围墙倒塌，砸死 7 人。围墙是非承重结构，连墙体自身重量都承受不了，可见其瓦工操作技术之低下及管理失控的严重程度。1999 年，我受上海一家房产公司聘用，接手上海西部正在建设中的豪华别墅小区，施工单位挂牌中建×局×公司，实际上是私人承包挂靠，现场管理人员都是乡亲组合，雇用的农民工大都属操作技术低下的廉价劳动力，公司只派一名工程师兼管。进入现场，笔者被施工场地上凌乱不堪的景象惊呆了：别墅基础未进行土方回填，即进行上层墙体施工，每栋别墅都浸泡在一个个大水坑中；施工便道两侧堆满未经整理拆卸的模板，散落的砖块、短钢筋、木料遍地都是，搅拌机被混凝土、砂浆包裹得面目皆非。砖的试验报告是合格品，实际上进入现场的砖堆中混进不少等外品。对已建墙体检查，允许偏差值大部分超标，误差值以厘米计。有一道承重墙轴线一端偏移 12cm，外墙竖缝砂浆不饱满或瞎缝，“千里眼、满天星”随处可见，多孔砖墙体由于水平灰缝砂浆不饱满，积聚在孔眼里的水难以挥发，墙体永远是湿漉漉的。那么现场监理做了哪些工作呢？拿出一摞整改通知单、停工令，施工单位不执行——无奈。笔者当即把公司的书记、经理、总工和质量科人员请到现场，鉴定结果为不合格工程，于是撤换施工队伍，全面返工、推倒重来。这说明即便是在上海这样的现代化大城市，尽管各项管理制度健全、执法严明，也会出现纰漏。

由于工程质量低劣引发的安全事故，教训是沉痛的。对产生原因和如何防范，谈一些看法和建议供有关方面参考。

二、深层剖析

（一）建筑业改革和发展对传统技术的冲击

当前建筑业施工队伍以农民工为主体，普遍存在着技术含量低下的状况。由于施工作业机械化、专业化和工厂化的发展，使一些工种的传统专业技术淡化，逐步演变为熟练工。如木工、混凝土、钢筋等工种的作业，几乎全部实现了机械化，唯独瓦工的砌墙和抹灰工的粉刷，仍是一砖一弯腰地砌筑，墙面粉刷一抹子一抹子地抹灰覆盖墙面，需要工人有相当的操作技能和体力消耗。

瓦工技术原来的等级制度和考核标准，从拜师学艺到正规的技术培训，也随之消失，多数农民工是从实际工程施工中，摸索着学会砌砖，无师自通，砌筑手法五花八门，砌筑质量难以控制。

（二）管理层的失控

文前所述事故，管理人员应承担主要责任，砌砖施工管理，以往大都从具有一定施工管理经验的瓦工中提升上来，大专院校的毕业生，也是在他们的指导和带领下，经过一段时间的实践，逐步掌握这门管理技术。随着时间的推移，老技工退休离岗后后继乏人，当前能精通瓦工技术的管理人才短缺现象普遍存在。

（三）对瓦工职业的鄙薄

城市青年怕吃苦不愿学瓦工，农村青年念了几年书，考大学是许多年轻人的理想。泥瓦工劳动强度大，在工地上日出而作、日落而息，无休止的劳作，收入又低，在社会上被视为职业中最低层次。据《新民晚报》2006 年 8 月 25 日的一篇报道："顶级瓦工"月收入 2000 元、一般的 1700 元、辅助工 1350 元；而高级钳工月收入 8000 元，一些机床操作工年薪 10 万，差别如此之大，因此稍有点其他出路，是不会当瓦工的。在国外一些发达国家，瓦工职业受重视，收入高于其他职业工人。我国恰恰相反，在施管人员中，也存在着把砌砖视为落后淘汰的施工工艺模糊观念，致使我国瓦工施工操作工艺一些传统技艺，面临着失传危机。

围墙倒塌由砖与砂浆粘结强度差引起的，在我国许多地区仍采用摆砌法砌砖，即先铺上长长的灰带，随后进行砌，再用瓦刀敲击砖面压薄灰缝，这种砌法难以保证墙体强度，围墙上端为自由端。稳定性差，稍受水平力的作用，首先让砖与砂浆层之间剥离、移位，失稳而引起倒塌。我国历代能工巧匠就十分注重砖砌体的粘结强度，使砖砌体横、竖缝内充满砂浆，增强砖砌体的整体性。1990 年笔者赴成都讲学，发现一处拆除旧建筑留下的半个砖栱，仍屹立不倒。由此联想到运用现代"2381"科学的砌筑技巧，倒"▽"墙体仿照古建大挑檐进行压强和整体摇晃试验，仍保持不裂不倒，完全靠砖与砂浆层之间吸附粘结，其抗压、抗剪强度远超出设计强度数倍以上。从而揭示了历代古建筑抵御风蚀、地震等自然灾害，仍能完好存留至今的奥秘。笔者把倒三角砌筑在一些地区进行"2381"砌砖技能、技巧与质量操作表演，开展宣传和推广活动，改革了灌浆砌筑繁杂的操作工艺和效率低的缺点，从而继承和发扬了我国砌筑技术的优良传统。

三、防范对策

首先要认识到砌筑技术是建筑业的"根"。在城市砌砖工程大量缩减，大量墙体为代用材料砌块的砌筑，而农村及中小城镇黏土砖的应用仍是十分普遍。新中国成立以来量大面广砖结构建筑和大量历史建筑的维护、修缮，仍需要瓦工技术，尤其对于历史建筑的修复，更需要有高超操作技术的能工巧匠。高级瓦工技术人才短缺不仅仅在我国，也是世界性的。

其次是对农民工的教育，施工一线的管理者应做到“监帮结合、以帮为主”，先要了解农民工队伍的基本素质，对刚进入工地的农民工教会初级劳动技能，设定安全劳动场所，加强巡视；对关键部位施工操作进行旁站指导；对安全部位的施工要不厌其烦，一事一训，经常提醒。一切从关爱农民工的安全和技术出发，我们的工程建设事业才能做得更好，更出色。

其三对农民工的技术培训要从源头抓起，各地区的建筑劳务基地应承担此重任。早在1983年笔者在中国工程建设质量管理协会成立大会暨第一次年会上，提出砌砖工程实现作业标准化——2381砌砖法的发言，引起与会者强烈反响。之后由建设部及国家科委成果处组织全国性的推广活动，笔者应邀到全国21省市开展讲学、培训活动，至1993年达10年之久，培训2381瓦工5000余人，各地区开展建筑青工技术大赛中，名列前茅者成为当地瓦工尖子。1990年全国青工技术大赛中，进入十佳瓦工技术能手有3名是2381瓦工，他们都是初学瓦工技术，工龄在3年左右。如今这些2381瓦工，大都成为当地建筑业的骨干，有的经过上学深造，担任了领导职务。培训工作进入建筑劳务基地整建制培训，效果尤为突出。1990年对四川省泸州、遂宁劳务基地的培训，受训青年瓦工具有一定的文化知识水平，有善于思考、勇于进取、求知欲强、能吃苦耐劳等特点。培训工作进展顺利，在进行单项砌砖动作大运动量日练习5000次强化训练中无一掉队，经20天训练即能掌握2381砌砖基本技能，在实际工程实习2个月，即成为熟练瓦工。证实了2381砌砖法“简单易学、入门不难、攀高不易。”欲把2381真正学到手，只有勤学苦练，从而实现“2381”研究者的初衷。

11 “2381”科学砌砖法推广与应用

黏土标准砖砌砖作业研究（以下简称“2381”砌砖法）是一项应用研究成果。它在继承和发扬我国砌砖技术优良传统基础上，运用《劳动生理学》、《运动解剖学》的原理，引入工效学新理论，通过肌肉的合理用力，把繁杂无规则的砌砖动作设计成简单易学、符合人体正常生理活动规律的砌砖规范化动作，即2种步法、3种身法、8种铺灰手法、1种挤浆动作，归纳成“2381”砌砖法。把原来砌一块砖需用18个动作降为3或4个动作，消除多余动作，使砌砖的质量、效率、作业疲劳以及职业性劳损防治等长期未能得到解决的问题得到控制。

20世纪80年代，被誉为中国建筑史一次革命的“2381”科学砌砖法推广和应用达10年之久，改变了一些地区砌砖工程施工技术落后的面貌，受到了广大工人的热烈欢迎。

今日呼唤传统归来，将传统工艺、操作技术，通过运用现代化的科学手段进行开发研究，使其重放光彩，为当代建设服务。

一、砌砖标准化作业

标准化的含义在其他工业生产中，特别是机械行业早已熟知并将其实行。建筑行业由于建设规模和结构形式存在差异，施工工艺和操作方法受地域的影响，难以形成统一的营造法则。事实证明，任何一个工程项目的完成必须完整地按工艺流程进行施工。用跳跃工序争速度、违反常规，以侥幸的心理获取所谓的业绩和利益，必将受罚，这样的教训历历在目，被媒体戏称的“楼歪歪”“楼裂裂”就是典型的例证。

（一）工艺流程

湿砖→拌制砂浆→摆底→在操作面上安放灰槽和砖位置→砌砖前做好五项准备工作→打砖→砌角→挂线→供料→脚手架搭设→质量控制（自检）→砌一看二→质量评定。

例如：工艺流程中规定，砌砖前应做好五项准备工作和供料工作三项要求。

1. 五项准备工作

（1）检查所砌部位墙体轴线和门窗洞口位置，摸清所砌墙体原始标高（与皮数杆相比）误差情况，以便在砌筑中进行调整。

（2）对所砌部位墙体进行合理摆底，尽量少砍砖。

（3）熟悉设计图纸对所砌墙体的砂浆强度等级、墙体轴线、标高、预留预埋等具体要求。

(4) 接砌二步架以上的墙体，应先检查原墙体偏差情况，接砌时予以调整。

(5) 检查作业面上砖和灰槽位置是否合适，砂浆和易性、湿砖程度是否合适，操作走廊是否清理干净，木砖和留槎拉结筋是否备齐。

上述准备工作就绪，方可进入砌筑阶段。

2. 供料三项要求

(1) 供好：根据所砌墙体的具体要求，清水墙应供给棱角整齐、色泽均匀的砖，运送的砂浆和易性应良好，减少砌筑时在灰槽内再次拌和砂浆，费时费力。

(2) 供足：要保证砖和砂浆的供应充足，灰槽中常使用新鲜砂浆，不发生停工待料。

(3) 供准：要掌握所砌部位每步架所需砖数和砂浆用量，防止超量供应，减少砖和砂浆产生过剩，增加二次倒运和清理工作。

(二) 工序管理

工序管理的重点有以下几个方面。

(1) 基础探槽：地下管道过墙洞口留沉降余量。

(2) 基础防潮层施工。

(3) 轴线、标高控制：基础施工龙门板、皮数杆、室内墙体半米线、轴线误差对结构的影响。

(4) 施工作业段分配：先砌纵墙、后砌横墙，一步架砌齐后接砌二步架，合理安排一日砌筑部位，同一条挂线配备技术水平基本相当的技工。

(5) 施工段留接槎：留斜槎、留直槎加拉结筋、单砖后砌墙留榫式槎、施工洞口留置、抗震柱留槎、预制板下满丁砌法、预制板灌缝、后砌墙上端固定。

(6) 冬期施工：禁用石灰砂浆、砂浆掺氯盐、配筋砌体禁用氯盐砂浆、压缩灰缝厚度、冬期砌砖适当湿砖。

(7) 雨期施工。

(8) 质量通病防治：附墙烟道堵塞、串烟、锤击墙面找平、剔槽凿孔、清水墙砌大缩口缝、铺长灰带摆砌、砖柱包心砌法、水冲砂浆灌浆、“罗丝墙”、清水墙面勾缝污染、标高差用打薄砖找平、墙体配筋遗忘。

二、“2381”科学砌砖法

砌砖工程质量控制取决于瓦工操作技术熟练程度、疲劳控制和责任心（含职业道德教育）三要素。

(一) 砌砖动作研究

“2381”砌砖动作研究有别于20世纪初期美国管理学者泰勒和吉尔布来斯以提高劳动生产率为中心的研究。而是以保护劳动者身心健康为前提、确保工程质量为中心，在此基础上争取提高生产效率。

1. 砌砖劳动身体动作特征

（1）砌砖时人体随砌筑高度由低向高，由离身远至近及身后，还有墙体一顺一丁组砌缝式的变化，使人体活动始终处在动与变的过程中；

（2）砌砖不是负重劳动，大铲工具重 0.25kg，砖的重量为2～2.5kg，熟练的瓦工砌砖时砖在手中停留时间也就 2～3s，随即砌在墙上，手臂手指持砖负重瞬间完成，肌肉用力是紧、松交替。

2. 规范动作的特点

（1）剔除多余动作，3 或 4 个复合动作砌一块砖，砌砖动作符合人体正常生理活动规律；

（2）采取复合肌肉群运动和交替节律性肌肉用力，使劳动变得轻松，疲劳在作业中得到调节；

（3）“2381”技能训练与提高适应砌砖劳动身体素质的训练同步进行，运用《运动生理学》运动技能形成原理——四阶段训练方法，像训练运动员那样训练瓦工技能。

（4）“2381”规范动作简单易学，入门不难，攀高不易，要真正学好只有勤学苦练。

培训班中的学员陈某接受基本功训练时，以超常的毅力艰苦练习，动作练习规定日练习次数由 1000～5000 次递增，他的练习次数超过万次，晚间在路灯下加班自练。功夫不负有心人，结业后参加“2381”大赛，成为西北地区十佳“2381”优秀学员。

（二）劳损疾病的预防

曾经的瓦工都不同程度患有腰肌劳损疾病，严重者丧失生活自理能力。天津医科大学郑教授等人对张华堂做病理分析和肌电图测定，结果显示他的腰部骶棘肌健康程度好于正常人。通过观察砌砖时他低度弯腰活动规律，设计了三种弯腰动作。同时把增强腰肌的健康锻炼纳入训练课目。经受科学训练的瓦工，在以后的 10 余年间，未发现有腰痛情况。

（三）培训制度

砌砖是工人集体劳动的工程操作，个人技术的发挥必须有集体配合、合理的作业面安排和管理。培训工作采取生产班组的集体训练形式，培训实习 20 人为一小组，一分为二，10 人砌墙、10 人供料，完成一个施工段后轮换，培训结业后小组不解散，直接成为瓦工生产班组。砌与供劳动方式的互换，有利于生产过程中相互间配合默契，人体劳动的肌肉运动亦能得到缓解和调整。

三、“2381”成果的实践和推广

“2381”科学砌砖法先后在兰州、上海、浙江、哈尔滨、青岛等地进行成果实践和技术推广工作。其中在上海观摩表演以工程实际操作方式进行，安排质量、定额管理人员进行现场测定。一步架的砌砖量为800～1000块，两个人同一准线在1h内砌完，转移作业面仍保持同样的速度，平均砌砖速度可达到400块砖/h。

自1983年两次全国会议上推出“2381”科学砌砖法，整10年时间，推广时间之久，涉及地域之广，接受培训人员之多，得到了从领导、专家、各界人士到普通工人对“2381”的支持和认同。其间也得到各个门类科学技术专家和众多专业人士的支持和鼓励。

12 旧房改造中不同建筑结构抗震加固方法的工程实践

上海市大渡河路 658 号旧区改造，要求对 6 栋不同结构形式及使用功能的旧房，通过结构鉴定、抗震加固、内外装修及环境绿化，改建成酒店、商务楼等场所（图 12-1）。经改造后于 2009 年 1 月开业以来运营正常，业主反映良好。

一、工程概况

1 号楼平面呈凹字形，为 6 层砖混结构，原为上海市农委招待所，改造为星级酒店，将临街门厅入口移至后院，利用凹形缺口近 200m^2 空地，建成外廊式入口大厅，内设 2 部电梯，大厅面向中心绿地和环形车道及停车场。

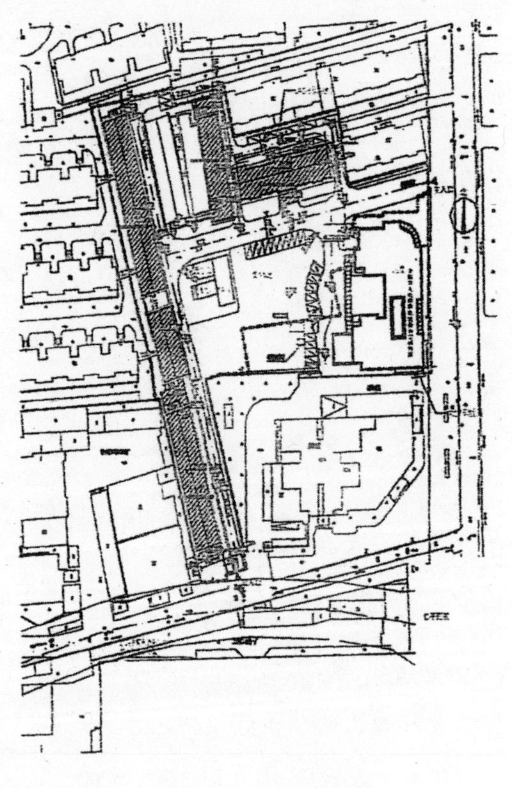

图 12-1 总平面示意

2 号楼为 5 层砖混北外廊居民楼（原 4 层，后加 1 层），改造成酒店普通客房。

3 号楼为 3 层砖混结构，底层为采用中心砖柱的空旷结构，二层以上为单身宿舍，改造后底层为职工食堂、浴室，二层为文化娱乐室，三层为员工宿舍。

会议中心原为 10m 跨单层工业厂房，三角形坡顶钢屋架，陶瓦屋面砖墙附墙柱，改造成礼堂展厅和会议室。

4 号楼分为 A，B 两栋楼，A 座为单层钢筋混凝土预制装配式工业厂房（含吊车梁）；B 座为 3 层内框架多层工业厂房，两楼距离 6m。将 A 座内加建 2 层钢筋混凝土楼层，与 B 座相匹配，通过中间 6m 过街厅及楼梯间，连成商务用房。

5 号楼为 5 层框架结构多层工业厂房，在北端增建一层门厅入口，改造成与 4 号楼并列的长达 160m 的商务楼区。

各楼间由 T 形通道连接成两大分区，酒店、商务楼，主出入口通道（临大渡河路）宽 7m，横向通道宽 5m（临同普路出入口）。各楼使用功能分工明确，交通关系顺畅便捷，酒店前厅面向中心绿地，空间开阔，环境幽静。

各楼外装修采取统一格调，包括门窗及阳台的变更，以红褐色拉毛面砖和仿清水砖墙组砌缝式，将结构加固的包角柱、构造柱、窗间墙封入其内（同时完成墙体保温施工），改变以往结构加固构件外露，破坏建筑立面观感的做法。砖红色竖向线条与白色涂料墙面间隔有序，清新悦目。

二、砌体结构鉴定的影响因素

根据上海市有关规定，旧房改造必须通过结构鉴定，对原有建筑的建造年代、现状、结构形式、工程材质、施工质量及自然风化、碱蚀和由于使用不当（随意加层、拆、改）等原因造成的病害、隐患进行全面检测，为工程结构加固提供第一手资料。

对于砖混结构而言，混凝土结构鉴定时应掌握原建筑结构形式，梁、板、柱断面尺寸及配筋情况，按现行规范进行验算，确定加固与否或采取切实可行的加固方法。而对砖砌体的结构鉴定，则涉及以下多方面因素。

（1）材质的离散性。砖与砂浆的强度通过抽样检测，砖的强度一般都能通过，砂浆强度测试往往不能满足现行规范要求。

（2）砖砌体施工质量的不均匀性。砖结构墙体由多名不同技术等级的工人操作完成，不可避免掺杂一些操作陋习造成的质量通病和隐患。

（3）砖结构的受力特性是抗压强度远大于抗剪强度，即使砂浆为零号，砖砌体仍有较大的承载力，当承受破坏荷载出现裂缝变形时仍能承载。这种裂而不倒的现象，在地震区随处可见。砖砌体抗剪强度取决于砖与砂浆的粘结力，与砂浆强度不存在必然联系；相反由于砂浆强度过高（纯水泥砂浆），墙体沿齿缝发生脆性剪切破坏，在砖与砂浆强度达到极限值前，墙体提前破坏。这一现象可从地震、洪水、被台风刮倒的墙体中取出的完整砖块得到证实。砖结构抗剪强度与砌筑方法有关：我国北方大都采用挤浆法，砌筑的墙体横竖灰缝砂浆饱满，粘结力强；而南方采用摆砌法，相比之下饱满度差，特别是竖缝砂浆不满或干缝现象较为普遍。实验表明竖缝砂浆不饱满或干缝，砖砌体抗剪强度可损失 40%～50%。

（4）砖结构建筑构造形式一般是由纵横墙组合成盒子状空间构筑物，通过纵横墙之间的齿缝咬合，相互传递荷载，以增强建筑物的整体性，调节不均匀沉降，对提高建筑物的抗震性能起着至关重要的作用。施工规范明确规定，为加强纵横墙之间的联结，必须放置钢筋拉结条。1975 年 2 月 4 日辽宁海城发生 7.3 级大地震，两栋相邻砖砌楼房，其中一栋钢筋拉结条未放置，楼房外墙外倾倒塌，另一栋钢筋拉条按设计放置则安然无恙。

（5）按现行规范标准中砌筑砂浆等级不低于 M5、取消空斗墙的规定，20 世纪 50 年代以来，大部分砖混建筑的砌筑砂浆标号分别为 4，10，25，50 号（原标准，下同）。50号为高标号砂浆，用于砌筑独立砖柱，集中荷载下的窗间墙和拱券；空斗墙用于南方许多地区，包括大量历史建筑，至今在农村及中小城镇中仍在广泛使用，使鉴定工作较为困难。

以上诸因素有些不可能用数据表达，特别是砖砌体抗剪强度的检测至今仍是空白。用砖和砂浆测试的强度来确定砖砌体抗压抗剪强度值，而忽视人的操作因素，显然缺乏科学性。这些情况往往给结构鉴定和制定加固方案带来困惑或误导。

三、加固做法

（一）1号楼

1号楼为凹字形平面，南、北配搂为砖混结构，中央为多排内框架，桩基，现浇混凝土梁、板、柱，墙体厚240mm，采用MU10烧结黏土多孔砖，砌筑砂浆为25号。经检测1号楼各项指标基本满足要求，唯砂浆强度测试平均强度为2.74MPa（用回弹仪贯入法），不能满足现行规范（M5）的要求，墙体抗压、抗剪强度验算大部分亦不能满足计算要求。设计单位提出对墙体进行双面钢筋网片水泥砂浆抹面加固措施，即在清除墙面粉刷层后，钢筋网片穿透墙体和各层楼板，主筋还要埋入首层地坪下0.5 m，需在墙上钻孔、楼板打洞。在铲除外墙瓷砖时，由于瓷砖与砖墙粘结十分牢固，会将多孔砖的表皮一同揭下，若处置不当会对结构造成新的伤害。对此提出以下质疑。

（1）25号砂浆鉴定结果是否仍为25号。据相关资料介绍，水泥混合砂浆90天强度可比28天强度增长120%～130%，经历20余年灰缝中的砂浆在密实状态下强度增长应远大于原设计标号。

（2）进行灰缝划痕测试时，无掉砂或少量掉砂，其坚硬程度可判定为大于M5。

（3）对砂浆进行筒压法测试，分别由两家试验室，在现场随机采集样品，两家测试结果十分接近，均大于M7.5（与回弹仪测试结果相比较差2倍多）。

（4）对墙体进行原位中心轴压法测试砌体抗压强度，从各楼层随机定位测试9组，同时在试验室砌筑同类墙体试件，进行对比试验，其结果完全满足设计要求。同时对各楼层墙体剥离粉刷层后进行全面检查，墙体灰缝均匀，水平缝及竖缝砂浆饱满，组砌合理，纵横墙接槎构造柱混凝土浇筑密实，墙面无裂缝，符合砌砖工程质量检验评定标准的合格要求。从墙体拆下多孔砖灰缝中发现，陷落空洞内的乳头状砂浆表面，似同键销，砖块间形成吸附粘结，十分牢固，难以分离。粘贴外墙瓷砖所用高强度等级水泥砂浆找平层和胶粘剂，都有增强墙体抗剪强度作用。综合上述各项有利因素，完全可以免去对1号楼墙体采取加固措施，使墙体加固成本降低了数百万元，工期提前2个月。

（二）2号楼

2号楼为5层砖混结构居民住宅楼，楼板使用120mm厚预应力混凝土多孔板，墙体采用八五黏土砖（216mm×105mm×43mm），首层至二层1m高的墙体为1砖厚，以上至5层的墙体为空斗墙（两斗一眠）。5层的加层是在屋顶上砌50cm高砖墙，上铺预制多孔板，接砌的5楼墙体与下层结构无可靠连接，各层楼板下设圈梁，在北外墙大角设有构造柱，其余大角及纵横交接处未设构造柱。

1. 结构鉴定

从整体看，墙体无裂缝，房屋沉降均匀。主要问题是空斗墙、砂浆强度和未设构造柱不满足现行抗震规范要求，对墙体进行抗压、抗剪强度验算后不满足计算要求。评估报告认为2号楼不能满足改造成商务酒店客房的使用要求。

对整栋楼内外墙施工质量进行的检查发现：首层实心砖墙砌筑质量尚可，二层以上空斗墙组砌方式混乱，直缝、干缝严重，墙面垂直平整度超标，门窗无过梁等质量通病情况普遍，评为不合格。查其原始建造情况为20世纪70年代由村镇施工队自行建造，综观2号楼质量状况表明其不具备抵御地震的能力。

2. 加固措施

(1) 从加强房屋整体性入手，对各层横墙和内纵墙，进行双面钢筋网片喷射4cm厚混凝土加固。

(2) 结合门窗更换，拆除外墙重砌。

(3) 墙体角部及内外墙交接处，外加构造柱与1，3，5各层新浇圈梁连接，形成外框架结构。

(4) 拆除厨房、卫生间预制混凝土楼板，改为现浇混凝土楼板，靠墙部位加设边梁，按厨卫装修设计重新铺设管道线路，根治渗漏及防潮层失效等病害，改善使用功能。

整栋建筑加固后，经过内外装修效果良好。

(三) 3号楼

3号楼为3层砖混结构，底层为中心砖柱空旷砖墙、混凝土梁板结构，首层窗间墙为1砖半厚（八五砖），窗台部位1砖厚，二层以上为砌块及砖混合砌筑墙体，预制多孔楼板。除首层砌筑质量尚好外，二、三层情况与2号楼相同。加固措施如下。

(1) 卸荷。拆除楼梯间上屋顶的独立小楼及二至三层所有用黏土砖砌筑的非承重隔墙，改为轻钢龙骨石膏板轻质隔墙。

(2) 内外墙采用水泥砂浆抹面加固。

(3) 2m宽窗户中间加砌20cm×20cm砖柱，改为0.9m宽两樘窗户，与小区内其他建筑装修风格一致。

(四) 会议中心

会议中心原为单层附墙砖柱厂房，屋顶为10m跨三角形钢屋架，间距3.8m，陶土瓦屋面，屋架支座下设有圈梁，墙体使用八五砖，基础埋深1m，

10cm 厚宽 90cm 的 100 号混凝土垫层，上砌大放脚，墙体±0.000 以上 2m 高为实心砖 1 砖厚，其余均为空斗砖墙。由于建筑物沉降均匀，墙体无明显裂缝，结构鉴定单位和设计单位未提出具体加固措施。

经现场勘察还发现，基础与墙体结构薄弱，稳定性差。钢屋架未设水平支撑，混凝土檩条与山墙无拉结。经研究决定采取以下加固措施。

(1) 由于屋面年久失修，油毡防水层老化，雨水渗漏严重，造成基层木板霉烂腐朽，予以全部拆除，保留屋架原位不动。

(2) 沿墙 3.8m 间距附墙砖柱内侧，增设 250mm×400mm 钢筋混凝土附墙柱和基础，在附墙砖柱上钻孔，孔径 150mm，间距 1m，孔洞穿透外墙，设锚筋与混凝土柱同时浇筑，形成榫销结合。将屋架支座原位不动移至新浇混凝土柱顶，与预埋件焊接。

(3) 凿去支座下圈梁，拆砌圈梁下空斗墙五皮砖改为实心砖墙，重新浇筑圈梁和外挑混凝土天沟。

(4) 更换屋架上弦混凝土檩条，采用 Z 形轻钢檩条；同时安装屋架水平支撑，加固竖直支撑。

加固原则是将整个屋面结构荷载转移给新浇混凝土柱，原墙体成为承受自重的围护结构。新浇混凝土柱与墙体的良好结合，对增强墙体侧向稳定和建筑的整体刚度大为有利。

(五) 4 号楼

4 号楼由 A，B 两栋楼组合而成，在 A 座单层工业厂房内增建两层混凝土楼板，与 B 座 3 层框架结构经由两楼间 6m 跨过街楼改造为入口大厅和楼梯间，形成单栋联体 90m 长的商务楼。

除山墙承重外，A，B 两栋楼墙体主要是围护结构，加固措施为加强墙体稳定性，增设墙角构造柱和圈梁。B 座框架柱轴压比及箍筋加密区配筋不足，采取扩大断面和配筋加固措施。砖墙与柱体连接处，由于遗忘拉结条和温度变形产生裂隙，造成透风漏雨，加固时利用柱体扩大断面在柱体两侧墙体上钻孔（孔径 50mm，间距 500mm）：用 M16 螺栓（支模用）拉结；形成内外夹板浇筑混凝土，拆模后螺栓存留于柱体内。

(六) 5 号楼

5 号楼为钢筋混凝土多层框架结构，楼板为 6m 跨预应力大板，筏形基础，墙体为多孔砖框架填充墙，墙厚 240mm，外立面为陶瓷锦砖贴面。

结构鉴定结论为顶层梁柱配筋不足，框架结构未设剪力墙，整个建筑沉降均匀，墙面无裂缝。加固方案如下。

(1) 对梁柱配筋不足部位采取扩大断面加碳纤维加固。

(2) 在建筑物两端跨增设剪力墙，拆除原山墙填充墙，浇筑 200mm 厚钢筋混凝土剪力墙，剪力墙下凿开筏形基础底板，打入静压桩，加固基础。

后经现场勘察认为：对顶层梁柱可按设计要求进行加固。两山墙外墙面陶瓷锦砖粘贴十分牢固，基层的高强度等级水泥砂浆找平层和胶粘剂，能起到加强墙体整体性的作用，应具有一定的抗震能力，改为将内墙面粉刷层剥离，配置剪力墙钢筋网喷射混凝土，由 100mm 厚喷射混凝土与原 240mm 多孔砖墙体组成复合剪力墙。南山墙楼梯间在外墙面大角设置构造柱加圈梁，拆除屋顶水箱及楼内各层非承重砖墙，改为轻质隔断，取消基础静压桩加固，改在 5 号楼东端与 4 号楼邻近处建一层入口门厅，与 4 号楼贯通。

四、体会和建议

(1) 加固施工中首先要考虑安全问题，防止施工过程中构筑物的失稳和超载。拆改结构可能会发生构筑物着力点的位移，架空、偏载及在楼面上堆积物不及时清理的超载现象，会造成结构受力性质突变，稍有疏忽结构会在顷刻间坍塌，殃及人身安全，管理人员应有高度的防范意识并制订应急措施。

(2) 进行抗震鉴定和加固设计时，要深入现场结合工程病害和隐患，提出合理的加固方案，注意施工的可操作性，并贯穿于加固施工的全过程。设计二次装修时应把改善使用功能放在首位。

(3) 建立抗震加固（旧房改造）专业施工队伍。加固工程不同于新建工程，随时会遇到处理不可预见的技术问题，需要有丰富实践经验的设计施工技术人员和掌握专业技术的操作人员。

(4) 目前加固工程中有大量砖结构建筑，随着建筑工业化的发展，传统砌砖作业大为减少，熟练掌握砌筑的技术工人和精通砌砖工艺的施工管理人员短缺，对清水墙、砖砌拱券，水刷石、水磨石、贴卵石、斩假石等传统装饰项目的修复技术大都已失传，后继乏人，建议开展培训，以传承传统的操作技术。

(5) 在考虑抗震鉴定及加固设计可行性的同时，应控制工程造价，以免出现加固费用超出新建工程预算的情况（历史建筑另当别论）。

本工程加固设计由天津市房屋质量安全鉴定检测中心江春、孙国梁两位工程师协助完成，砌体强度原位中心轴压试验由天津市建科院协助测定。

13　由大楼的倾覆想到的

2009 年上海市闵行区某住宅小区在建楼房发生整体倾覆事故，事故发生后相关部门对工程地质和结构质量进行了全面的勘察和检查，各项测试数据表明：该工程设计和施工均符合国家规范以及工程质量检验标准。最后认定事故发生原因是施工现场堆土超载，对建筑物桩基产生“压力差”所致，是施工人员在管理上犯了“低级错误”引发的重大事故。

笔者认为，工程质量事故往往是多种因素，在一个特定的条件下发生的，由此引发深层次的思考。从事故中，我们应吸取哪些教训，对于当前的施工管理、设计工作的现状、现行规范和标准的引用能否准确反映工程实际等方面进行探讨，是十分有益的。

一、事故形成机理的再现

倾覆大楼基础管桩断裂迹象表明：管桩混凝土表面光滑，堆土水平方向受力面呈圆弧状，因此管桩承受少部分堆土引起的侧压力，当大楼基础下的土层向地下车库基坑涌动瞬间，土体从桩体表面滑移，夹持着群桩涌向基坑，先由基坑一侧地基梁下土体开始下陷、架空，大楼重心随之外移，加大了基坑一侧桩位承载力，大楼开始倾向基坑失稳，在建筑物自重作用下，将另一侧管桩拔起拉断倾倒(图 13-1)。倒覆平卧在地面上的庞然大物，给人以头重脚轻根基浅的感觉，如同被风刮倒的大树连根拔起一样。

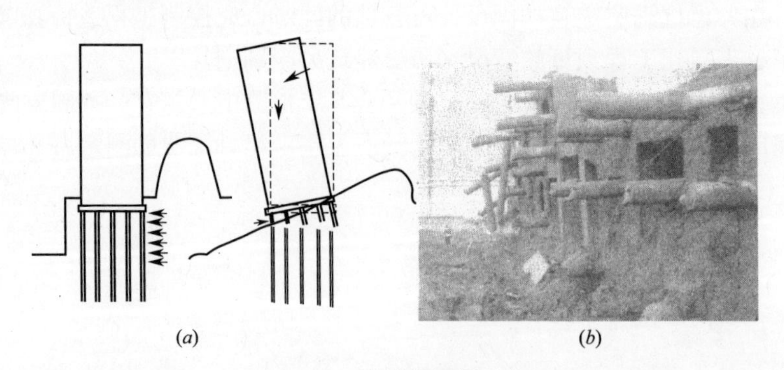

图 13-1　建筑物倾倒示意

二、事故暴露出的问题

事故是对建筑物的一次“体检”，是非正常的“科学试验”。事故现象反映，建筑结构基础节点构造是设计薄弱环节，在发生水平推力作用时（如同地震作用），大楼表现得如此脆弱不堪一击。依据上述情况推论，结合与其他小区同期建造的高层住宅小区情况，基础设计均设有地下室，桩基采用管桩或灌注桩；地下室箱形基础刚度大；具有抵消土体侧压力和调节建筑物不均匀沉降的功能，将管桩埋深于地下室底板以下，不受地表土方施工土壤扰动的影响，充分发挥其竖向受力的能力，在施工期间不可避免地遇到现场临时超载堆土和邻近深挖基坑，建筑物岿然不动，从而确保建筑物的整体坚固性和抗震性能的提高（图 13-2）。

三、设计工作的现状

高层建筑基础加设地下室，稍有设计经验的设计人员均会优选，无奈市场经济，开发商也插手设计工作，建地下室造价高、工期长，不符合多、快、省的要求，难以成为开发商的首选。致使设计人员的创作热情、灵感未能充分发挥，加班加点抢任务出图纸是经常性的，难以做到精心设计，也由于年轻设计人员缺少实际经验，对施工可操作性认知不足等，对于出现的隐性质量问题和使用功能上的缺陷，也就不了了之。

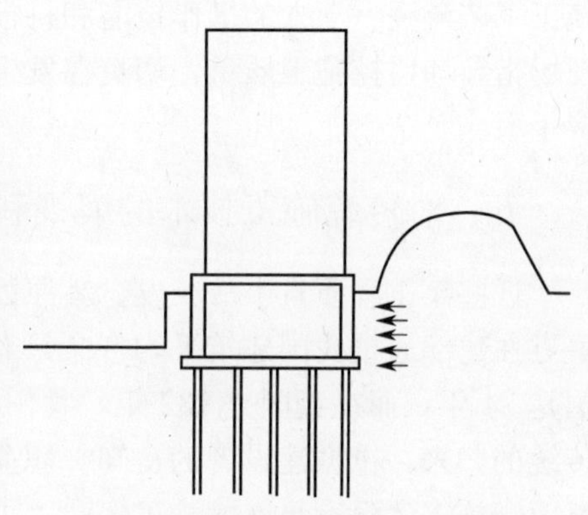

图 13-2　高层建筑设地下室示意图

四、规范的不确定性和“数据说话”的误导

在科学技术发展的历史长河中，人们对客观事物的发现和认识，要经历漫长的实践和验证，方可成为定理。不可否认，我国在规范建设中取得了长足的进步和成就，成为广大工程技术人员的工作守则。但一些不成熟、地域性强、少量工程的试验成果，如果要普遍应用于工程上是不适宜的。

如当前推广的节能减排建筑物外墙面粘贴保温板材，不考虑建筑物实际情况和施工可操作性，强制实行。在保温板材外表面还要做外饰面（贴面砖）工程，如同夹心饼干内软外硬，外装饰结构性基层，透过软弱保温板，再与建筑物主体结构挂连；其构造的可靠性和耐久性就不得而知，经实际使用考察和使用者居民反映，外装饰面出现鼓裂现象，还有居民反映未感到保温真实效能，取暖费一文未减反而略有增长。

又如碳纤维对混凝土结构加固，从材料使用说明和加固试验，这是一项好的加固方法。笔者接受一项 20 世纪 50～60 年代设计的建筑物抗震加固工程，应用现行规范进行结构验算，必然是不合格工程，采用混凝土结构梁、板、柱粘贴碳纤维加固方法，楼板上表面负弯矩配筋不够，也要贴，且不说工程造价如何。碳纤维加固对混凝土基面处理极为严格，楼板下仰面操作，原混凝土楼板底表面粘有隔离剂等杂物的清除谈何容易，也没有一个检测手段，粘贴后对结构强度增长多少也无人知晓，只是给予设计一个心理安全保证而已。

“数据说话”即通过各种科学仪器测得的数据，作为评判工程质量可依赖的证据，上海倒楼事故的鉴定就是源于各项测试数据。工程技术也如同于医生治病，对患者病情不甚了解，单凭化验报告结果就开处方下结论，这是不可思议的事情，然而在工程实际中此类情况屡有发生。

有些数据作为工程质量评测的辅助依据是可行的，质量控制主要依靠合理的施工工艺流程、工人的操作技能和科学管理，这就要求设计人员和专家经常深入现场指导和监控施工质量，切莫在发生事故后再云集现场，有再好的妙招，也无济于事。

五、对传统施工技术的漠视和无知

近些年工程质量事故频发，其原因大多都是对一些工程上基本常识的忽视。最近住建部通报我国建筑平均寿命只有 25～30 年，据相关资料，这个数字在美国是 74 年，而在英国是 132 年，我们的百年大计竟如此短暂。我们要大声疾呼传统的归来，重振建设者的良知、职业道德和责任心，也不排除有些事故的发生是由于施工者没有足够的施工经验，那只能虚心向有经验的工程技术人员学习，自觉地接受回炉教育，做一名合格的施工管理者。

六、农民工安全技术教育问题

我国一些重大的工程建设成就离不开广大农民工的辛勤劳动。一些长期跟随正规施工企业的农民工，在有经验的工程管理人员带领下，从工程实践中学习操作技能，掌握了一门或几门施工操作技术，出现了一批技术能手，他们在工程建设中的作用功不可没。但是，这样的人才培养方式并不能满足全国大规模建设的需要，由于工程建设的流动性，工程完工，人员解散，工程再次启动，又进入一批新工人。一切又要从头再来，如此周而复始，工地成了培训班，有的混了几年自立门户成了小包工头，凭着有限管理经验，带领一批廉价劳动力，挂靠在某企业，承揽工程，工程不出事故那是侥幸，出了事故人命关天。因此对农民工的安全技术教育是当务之急，刻不容缓。

最近从人力资源社会保障部获悉，我国将制订新一轮农民工培训计划，全国每年培训农民工达到 600 万人以上。培训补贴每人 800 元，这对于广大农民工兄弟来说是天大的喜讯。

事故的教训是沉痛的，意义是深刻的，对事故反思的目的，在于防患于未然，如果仅把事故追究停留在责任层面上，或者出于某种原因掩盖真相，草草收场，未能精细分析到事故每一个细节，致使同类事故再度发生，这是件可悲的事情。

14　加速澄清池、立式沉淀池支模工艺

加速澄清池是工业水处理技术工程项目，把水的净化处理在一个水池内完成，其结构构造十分复杂，施工质量精确度高于一般工程。

一、加速澄清池支模工艺设计

池体上池壁为直壁，下池壁呈盆状钢筋混凝土水池（图 14-1）。支模方法分为盆状斜壁支模方法和直壁支模方法。

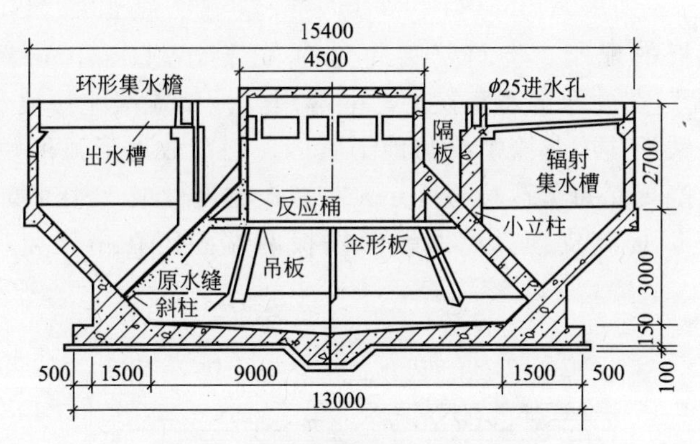

图 14-1　加速澄清池构造示意图

（一）盆状斜壁支模

盆状斜壁底模采用土模，在池底混凝土浇筑完成后，砌筑斜壁圆周砖墙，墙体外侧回填土应夯实，并制作斜壁底模，按斜壁坡度逐层夯实，拉线切出池底弧形斜坡，操作时为防止回填土污染施工缝，用油毡覆盖保护。为控制土模 1～3 点处标高位置准确，在池底中心位置竖立钢管，调整好钢管的垂直度，用钢丝绳、螺栓固定在锚桩上，用套管将不同半径的三脚架轮杆安装在上面（图 14-2），操作时转动轮杆刮擦池底不同半径、不同标高的三点砂浆标筋，操作简便而精确，底模用黏土砖平铺水泥砂浆扫缝（图

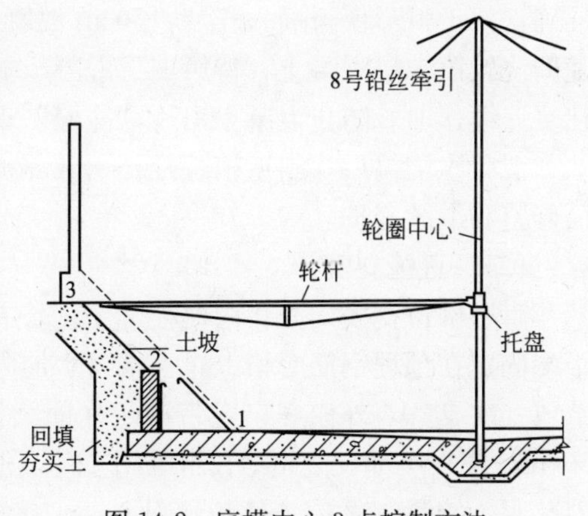

图 14-2　底模中心 3 点控制方法

14-3)。

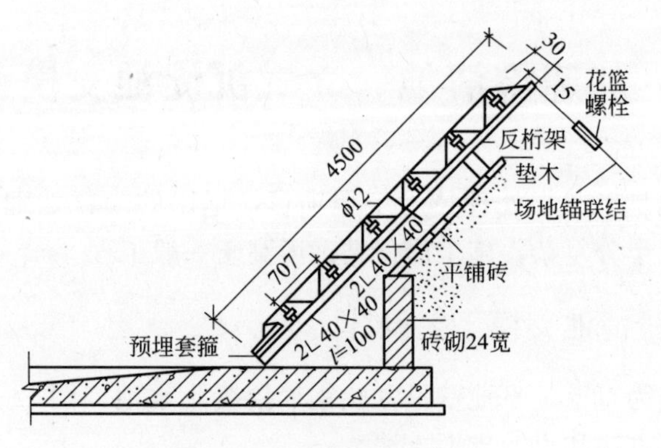

图 14-3 底膜构造示意图

斜壁上模板的配制，将斜壁圆周分为 32 档，制作 4.5m 跨反桁架（图 14-4），下端固定在预埋钢筋套箍上，上端用与池壁混凝土厚度相同的木块架起，系上 8 号铁丝并用花篮螺栓与地锚紧固。斜壁放射形弧形模板分为 7 节，为方便混凝土浇捣，每节高度在 70cm 左右，也可做成 1.4m 和 0.7m 一长一短错开支设，以提高支模效率。弧形模板两端固定在桁架弦杆上，用木楔固定。

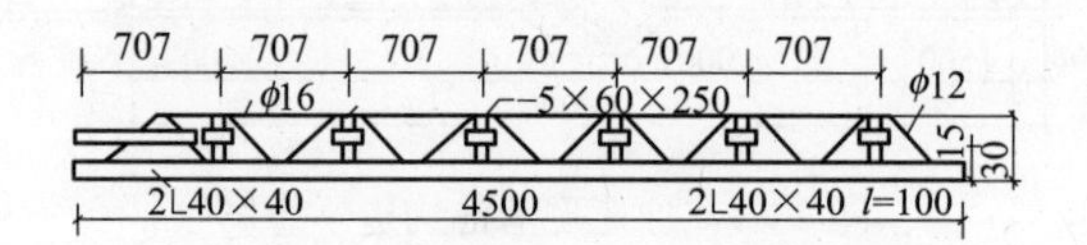

图 14-4 斜壁 4.5m 反桁架支模

4.5m 反桁架制作应保证角钢平直，侧向弯曲不超过 5mm。桁架安装位置应准确，便于弧形模板插入安装，70cm 混凝土分两次浇捣，一次振捣 30cm 左右，随即浇筑第二层混凝土，待第二层混凝土振捣过后，随即支设下一节模板，如此往复连续作业，防止混凝土出现“冷缝”现象。

混凝土浇捣后，斜壁模板经 1～2d 养护即可进行拆模，随即对池壁混凝土表面修整和继续养护。

（二）直壁支模

直壁部位支模，先将内模板 2.7m 高一次支齐，配制 4～5 道弯带，立楞木下端固定在预埋钢筋套箍上，上端与水池内的搭设支架固定。外侧模板可以分两节或一次支齐，外模底口弯带固定在圈梁混凝土浇筑时的倒栽铁钉上，间距为 50cm，模板中部设 2 道 ϕ12 钢筋作箍，采用双斜孔紧箍器将 ϕ12 箍筋穿过紧箍器孔眼，拧紧 ϕ12 端头丝扣（图 14-5）。模板上口沿圆周均匀放置控制壁厚的木块，混凝土浇捣后取出（图 14-6）。第二节模板支设前清理下口模板残浆，上下模板接口应做企口，防止混凝土振捣漏浆。

模板支设过程中随时用轮杆检查模板的弧度和垂直度，以及模板支撑系统的牢固程度。为便于内模的拆除，配制一块反八字企口模板（也可分散多设几块），拆模时先拆此板，其他模板按顺序进行，避免损坏模板（图 14-7）。混凝土浇筑前必须用水充分润湿模板，木模受水浸膨胀，相互挤紧，闭合拼缝，在双斜孔紧箍器作用下，所产生的预应力极大地增强了模板整体刚度，在混凝土振捣器作用下不变形、不跑浆。

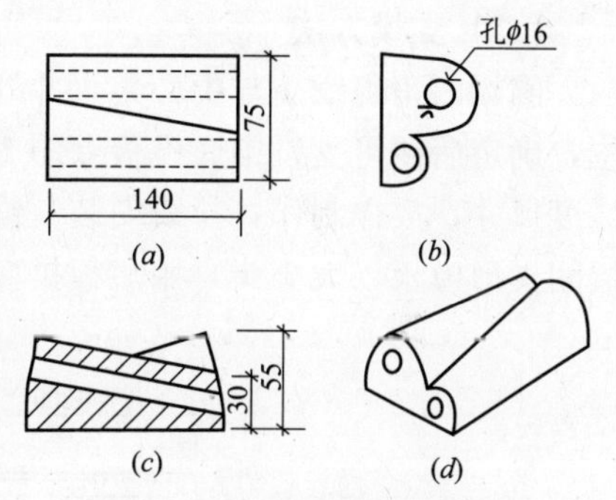

图 14-5　双斜孔紧箍器构造示意图
（a）俯视图；（b）侧视图；
（c）正视图；（d）立体示意

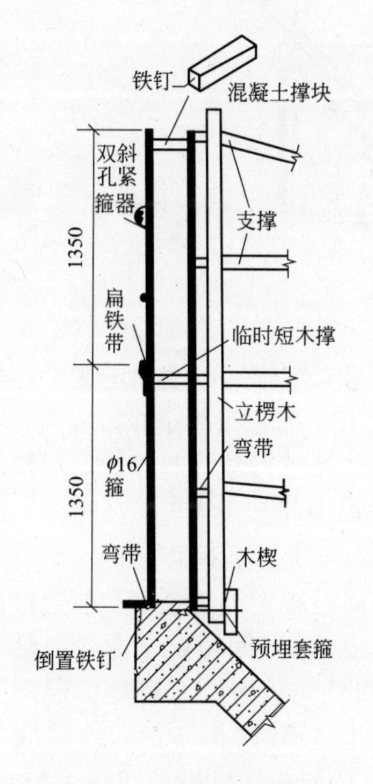

图 14-6　直壁支模示意图

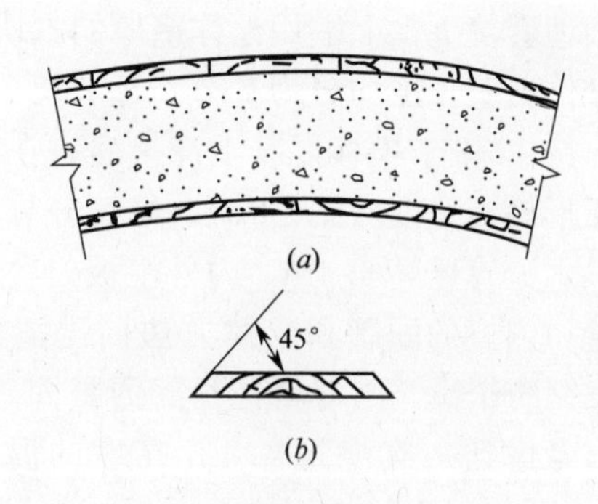

图 14-7　内模八字企口板
（a）俯视图；（b）正视图

二、立式沉淀池支模工艺设计

（一）结构构造

池体分上下两部分组成，上部为直壁圆池、下部为锥体圆池，与底部集水井连接。整个池体建立在 6 根钢筋混凝土立柱上，柱顶与水池连接处设有圈梁。

（二）支模方法

圈梁内角边线 1 与中心集水井外角边线 2 的连线，即为锥体水池底模空间定位，确定后便可支设锥底模板（图 14-8）。底模的支撑和模板分节按弧形弯带的弧度尺寸，放样制作，拉线安装。锥体底模铺设，先分段钉合通长模板，通长模板间楔形模板（大小头）用短板拼接。

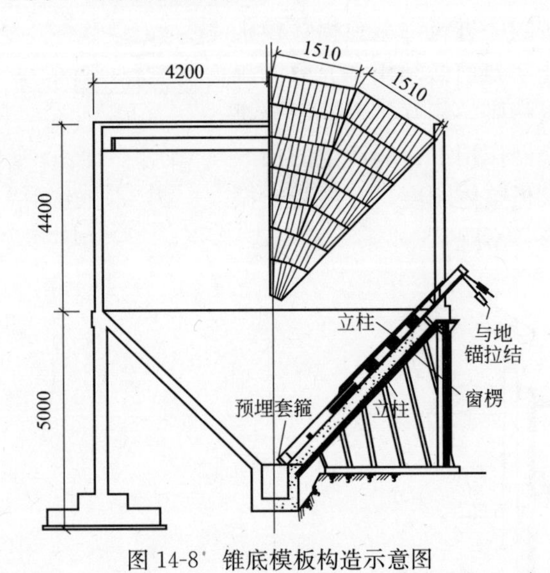

图 14-8 锥底模板构造示意图

锥体上模的支撑，分 8 个开档，用 8 根 24 号工字钢，下端固定在中心集水井预埋套箍上，上端用池体壁厚的木块垫实，并用 8 号铁丝固定在地锚上。上模按锥体斜壁长度均分为 7 节。每节长 70cm 左右，按锥形放样制作放射形预制模板，待 1，2 节模板混凝土浇捣后，在工字钢开档中间架设 4.5m 反桁架，以缩小弧形模板宽度（图 14-9）。继续分节支模浇筑混凝土。至圈梁齐平。

水池直壁高 4.4m，内外模板一次支齐。提高混凝土浇筑效率和池壁整体无接缝，内模的配制和支撑方法同澄清池，外模按 80cm 间距配制弯带，设 5 道 Φ 12钢筋作箍，用双斜孔紧箍器紧固，模板上口均匀放置控制壁厚的混凝土垫块。考虑到一次浇筑 4.4m 高度的混凝土有可能导致模板变形，故采取外模 4.5m 反桁架立放加固措施，反桁架两端固定方法同前，反桁架间距 1.5m，池壁上部的水槽和挑檐支模。浇筑混凝土。

三、小结

这两项工程完工后，混凝土浇筑质量和水池外观，达到了清水混凝土结构质量标准，模板拆除后经整理可用于同样构造池体的施工，这说明特殊结构支模，同样可以实现装配式工具化支模方法。圆形池体模板的紧固，是支模工艺的弱项，受民间木桶打箍手艺操作的启发，用双斜孔紧箍器，顺利地解决了这一难题。由此说明有些工程技术问题的解决，源于工程专业之外。善于观察外界事物的好奇心和灵感，在工程上能获得意外的成功。

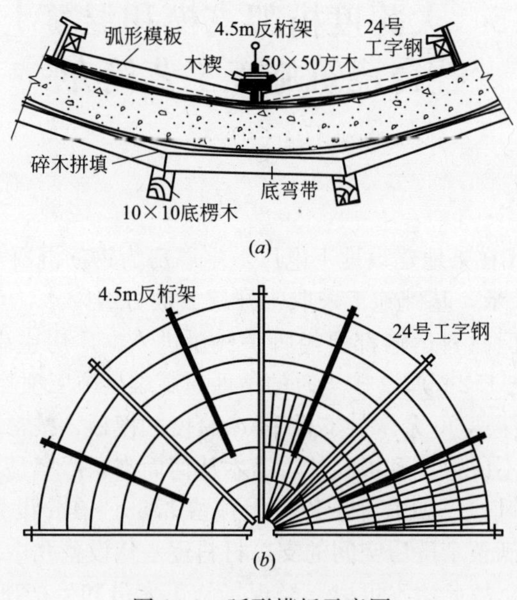

图 14-9 弧形模板示意图

（a）模板固定节点；（b）模板缩节分配

15　大跨度桁架支模和混凝土叠合浇筑施工工艺简介

一、工程概况

20世纪70年代在某地建设地下电厂，主厂房为钢筋混凝土全现浇结构，厂房埋深为地下20余米，基础施工采取明开挖放坡分级降水，虽然地下工程似乎与地面施工相同，但材料运输都要经脚手栈桥进入。厂房主副两跨分别为11m和8m，顶板混凝土1.2m厚，按当时的条件属高难度施工项目。1.2m厚3t/m^{2}重混凝土顶板，在深达20余米处支设11米跨度的模板，按常规支模方法需用大量立柱、道木，且不说数十万根立柱、道木从何而来。厂房是全封闭的，除了四壁有人行通道、排风口、烟道外，顶板上预留3.5m×4m设备孔，待顶板施工完成后，将几乎填满整个厂房空间的支撑材料逐一从设备孔中取出，操作难度极大，安全难以保证，故此法不可取。经现场施工人员和生产班组工人反复研究、集思广益，提出了架空支模施工和混凝土分层浇筑方案，通过实施取得了成功。

二、施工方案的确定和实施

（一）材料选用

1.2m厚顶板下1.8m高吊顶夹层用［16a＋L63×6组合钢梁（间距2.17m），上铺设混凝土预制板。考虑利用吊顶组合钢梁配制2Φ25钢筋下弦杆件，腹杆采用12mm×12mm和14mm×14mm方木，组合成下沉式桁架（图15-1），进行架空支模是否可行。经计算桁架只能承受40cm厚混凝土荷载。

（二）混凝土分层浇筑

1.2m厚混凝土分3次浇筑，每次浇40cm厚，养护应达到设计强度值的80%以上，由40cm厚钢筋混凝土楼板与桁架共同承担后浇筑的混凝土荷载。

（三）桁架的静载试压与制作

理论计算的结果需要通过对桁架进行静载试验来确认，桁架试压分级加荷：满载时桁架上弦杆挠度为26mm，超载15%为36mm，计算允许值为29mm，卸荷后剩余挠度11.4mm。上下弦杆内力测定使用应变仪（图15-2）。上弦组合钢梁（3号钢）设计允许值为240MPa，满载时测定应力值为65MPa，超载15%为74MPa，远小于设计允许值；下弦16锰2Φ25，试压满载时内应力为170MPa，超载15%时为210MPa，均小于设计允许值340MPa，静载试压结果符合计算安全使用要求。通过试压对桁架的质量做进一步改进和补强措施：（1）桁架端头下

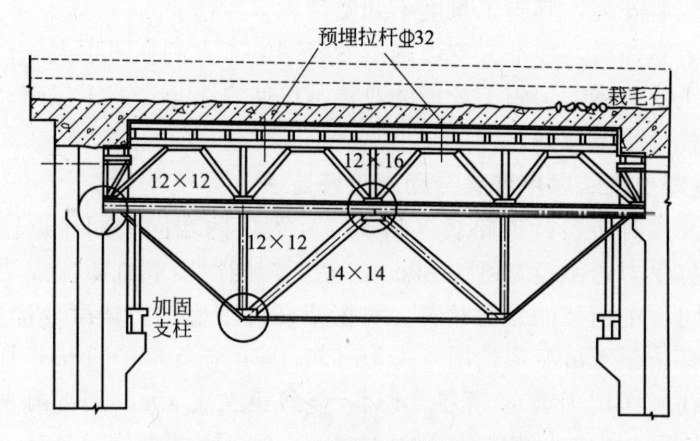

图 15-1　11m 跨桁架支模构造示意

弦杆件结合处增加肋板（图 15-3）；(2) 桁架腹杆木制立柱、斜撑节点结合松弛是残余挠度过大的主要原因，可通过提高制作精度解决此问题；(3) 桁架承载后下弦杆侧向位移达 10 余 cm，与上弦截面中心偏向槽钢一侧及制作加工误差有关，解决办法为制作下弦时将中心与上弦中心重合，桁架安装时加设水平拉杆和剪刀撑。

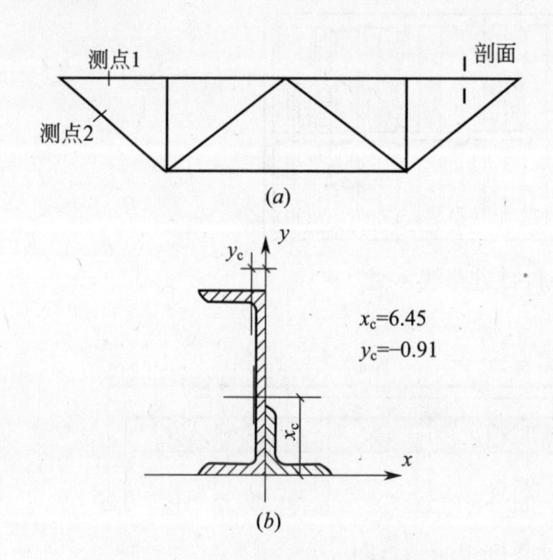

图 15-2　上下弦杆内力测点示意
(a) 测点示意；(b) 上弦杆剖面

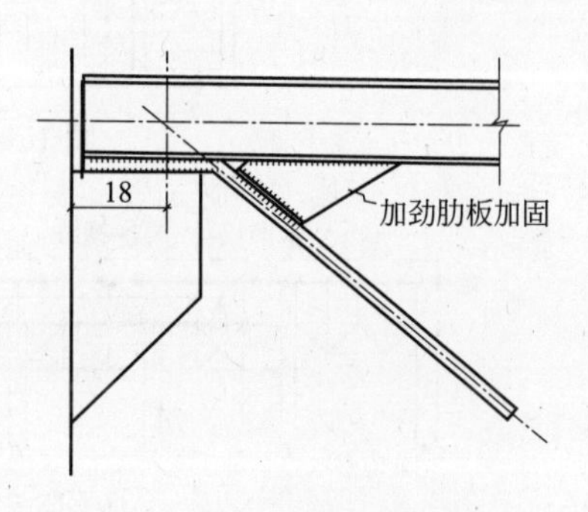

图 15-3　加劲肋板示意

(四) 桁架安装和模板支设

桁架支座牛腿在墙体混凝土施工时已完成，桁架安装就位，水平拉杆和剪刀撑应同步安装，随后铺设吊顶板，两端留出空当（为拆除桁架下弦杆件操作时使用）。吊顶夹层铺板完工，等于提前完成该项目施工任务，同时为上部支模施工搭设了安全操作平台，是一举两得的好事。不难想象，如果吊顶夹层放在顶板混凝土浇筑完成后安装，其施工难度不知要增大多少倍。

桁架安装完毕后，在下方支设两道安全网。工人们在吊顶大平台上操作，就有在地面上工作的感觉，施工环境的改善不仅使安全生产有了保障，工程进度和施工质量同样得到了保证。

（五）混凝土浇筑顺序和叠合面施工缝处理

混凝土浇筑时布料行进路线（图 15-4）为由两端向中间往返迂回浇筑，以保证桁架对称受力，浇筑宽度为 80cm，厚度控制以竖筋红漆标点为准。为掌控混凝土浇捣过程中桁架的受力状态，对桁架杆件逐榀进行挠度变形和应力监测，用水准仪观察桁架下沉变形情况（图 15-5），测定结果为 9～13cm（未含吊顶板、模板、钢筋荷载作用影响）。养护 7d 后，浇筑第二次 40cm 厚混凝土时挠度累计 17～28mm。下弦杆应力测定为 186.4MPa，说明第一次浇筑 40cm 厚混凝土板与桁架共同承担了第二次 40cm 厚混凝土的荷载。待第三次浇筑剩余 40cm 厚混凝土时，桁架挠度、下弦杆件应力无变化。证明 80cm 厚两层叠合混凝土板开始承担上部荷载，此时桁架已经安全地完成了 1.2m 厚顶板混凝土浇筑任务，在此过程中对桁架杆件节点焊缝和桁架下弦的侧向位移进行全数检查，全部符合要求。

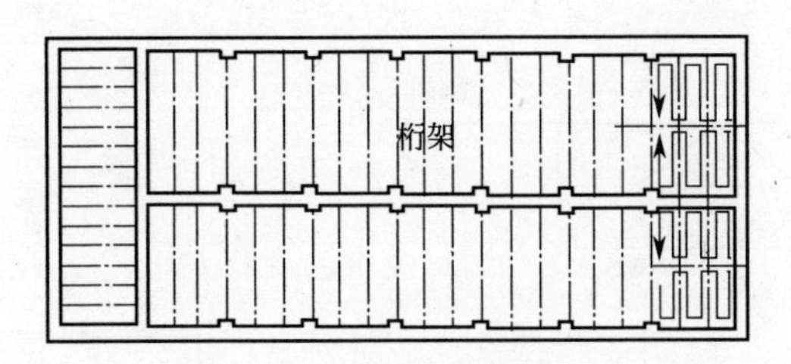

图 15-4　布料行进路线示意

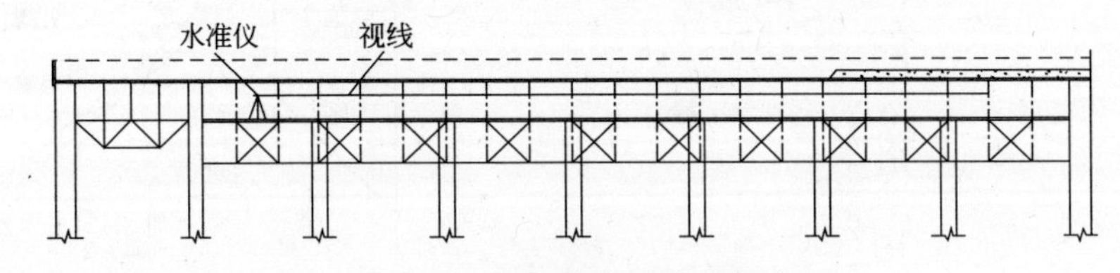

图 15-5　桁架挠度观测示意图

混凝土叠合面施工缝处理。如此大面积施工缝不可能实现“凿毛，水泥素浆接缝”的规范要求，故采用毛石栽植法，将不同粒径的毛石在混凝土浇捣后植入，深度为毛石粒径的 1/3～1/2，间距为 3～5cm。毛石所产生的毛面和销钉作用优于凿毛处理的效果，而且还节省了混凝土浇筑量。

（六）模板的拆除

当第二次混凝土浇筑完毕时，已具备拆模条件，拆模分两部分进行，先行拆除吊顶夹层中的顶板底模和支撑立柱。同时将桁架上弦杆中间两条拉杆与顶板预埋筋焊接，使吊顶板夹层的荷载移给拉杆和牛腿支座四支点共同承担。桁架下弦杆件拆除时，在桁架两端吊顶板空当处，配制悬挂吊篮脚手架，切割下弦 2Φ25 钢筋，用绳索直接放至车间底面，集中整理捆绑放至设备孔下，起吊外运。模板拆除不算什么艰难任务，主要问题在于拆卸的模板、立柱和支撑杆件都要从设备孔中取出，要考虑安全问题，人手不能过于集中，只能循序缓慢地进行，好在不干扰其他工种的作业面，工程总进度不受影响。

三、小结

大跨度架空支模施工的成功经验可归纳为以下三点。

（一）充分发挥技术民主

施工方案的确定，经现场施工管理人员和生产班组共同研究讨论，广泛吸纳设计、科研等多方建议，共同攻克难题。

（二）尊重科学

从桁架设计、计算和静载试验中获取可靠数据，考虑到实际施工中施工动静荷载交替作用和可能发生偏载时的防范。在混凝土浇筑中，安排检测人员钻进吊顶夹层中，在混凝土水化热高温环境下，测试桁架工作状态应变数据，确保施工作业绝对安全。

（三）严密的施工管理

在 1000 多 m^2 施工作业面上，调集 400 余名各专业工种及生产班组工人进行交叉作业，现场施工指挥、调度工作十分繁忙紧张。1500m^3 混凝土浇筑全靠手推小车输送，要确保混凝土连续浇筑不发生“冷缝”，浇筑前对生产班组技术交底和小车运行路线进行演练，做到人人知晓作业内容、分工明确、坚守岗位，并做好后期材料设备供应保障等工作。

16 砌砖工程理论研究若干误区的辨析

砌砖工程理论研究，是指设计与施工规范及砌砖工程质量检验评定标准的编制和试验研究工作。本文对当前在规范和标准实施中，认知上的误区，作一剖析并以实施中存在的问题进行探讨。

一、标准编制初始工作回顾

1958年，全国总工会、建工部（住房和城乡建设部前身）组织召开砌砖技术比赛大会，总结出“三一”砌砖法。1961年，建工部组织编制《砌砖工程质量检验评定标准》（以下简称“61版《标准》”）工作。推动我国砌砖技术进步，共同提高工程质量，对当时占90%以上量大面广的砌砖工程，有着重要的现实意义和历史意义。

二、“61版《标准》”中对砌筑砂浆强度规定的由来

考虑到地区差异性，以及把墙体材料砖、砂浆的质量要求编入“61版《标准》”实现数据化管理的必要性，把试验室测定砂浆配合比检测试块强度的方法，移用于对现场生产的砂浆取样测试强度值，作为“61版《标准》”的质量控制指标。借助于数理统计方法，认定为正常的砂浆生产过程，以砂浆试块强度的平均值和最低值列入“61版《标准》”。

三、砖和砂浆的质量对砌体强度的影响

砖的质量对砌体强度的影响占30%～40%（砂浆占10%左右），因此砖在砖结构建筑质量上占主导地位。从对砖的调查结果（图16-1）来看，绝大部分大于MU10，满足设计要求。大量工程的实际测试数据也与此相同。极少发生因砖的质量问题引发事故。砖的现场测定，只要进场砖的等级、外观成色符合要求，无裂缝，其强度值必然会符合要求。

砂浆是现场生产，影响因素较多。为此作为重点内容展开调查。

（1）砂浆强度规律性。通过5000组砂浆试块强度统计，在试点工程上，按“61版《标准》”规定留置试块，其强度统计结果无规律可循，说明了砂浆自身离散性之大，以少量试块强度，难以代表砂浆总体质量。

（2）砂浆试块制作、养护等试验工作的精确要求，施工现场难以做到，多种因素对砂浆测试强度非常敏感（表16-1），试块制作人为的因素，可以改变强度值的高低。从以往大量工程资料记录反映情况来看，砂浆强度均高于“61版

《标准》”规定，个别数据高出数倍，失却了试块作为检测砂浆质量的意义。

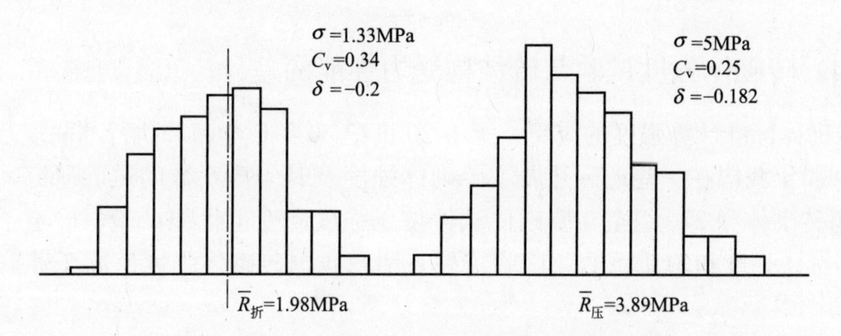

图 16-1　某市 20 个工地砖抽样试验统计图

影响砂浆强度因素　　表 16-1

影响因素	砂浆强度波动幅度
试块垫砖含水量(0～100%)	1～3 倍
试块养护条件同标准养护比	74.3%～105.5%
砂子含泥量	1.09～1.42
砂浆配合比,重量比和体积比	C_v=2.51～3.0
塑化材料掺量 0.3～1.1	1～0.68
砂浆稠度 6～14cm	113%～69%
砂浆使用时间 4～6h	下降 20%～30%
砂浆使用时间 10h	下降 50%
砂浆使用时间 24h	下降 70%
混合砂浆同纯水泥砂浆抗压强度比	100：95

(3) 砂浆试块的养护环境，同砌在墙体灰缝中的砂浆截然不同，灰缝中砂浆的多余水分被砖吸取，砂浆变得干硬密实，在继续砌砖上层荷载的重力作用下，其强度绝对高于试块强度，如果将刚砌在墙体中的砂浆，刮下制作试块，强度值可以高出 2 倍以上。

(4) 水泥石灰混合砂浆强度龄期，不应限定为 28d，混合砂浆掺有石灰质材料，起到改善和易性和延缓早期强度作用，石灰质材料的钙化要经历漫长的时间，试验表明 90d 强度值能增长 120%～130%。

(5) 对刚砌筑完成的墙体，其砂浆还没有建立强度，墙体即能承受荷载，不论哪一级强度等级的砂浆所砌墙体，都是在砂浆尚未建立强度时同步承载，设计计算的砌体强度是砂浆强度等级达到龄期值的强度，也有可能墙体已承受设计满载，砂浆还处在强度增长期中，所以试图以提高砂浆强度等级，来能提高砌体强度的做法是脱离实际的，因为砂浆强度的正常波动对砌体强度影响甚微。

由此可见“61版《标准》”把试块强度值列入砂浆质量检测规定，是不适宜的。

四、砖砌体强度试验与砖结构受力性能的差异

砖砌体标准计算强度的应用，源于20世纪50年代学习和执行苏联规范的延续。1964年我国在一些地区开展了砖砌体强度及其匀质系数的试验研究，通过1244组砖砌体和270组空斗墙砌体试件抗压强度和变形性能试验，确定了我国砖砌体抗压强度和匀质系数。试验结果表明：我国砖砌体强度值高于苏联规范6%～20%。

多年来在砖结构砌体强度值理论计算上的设计应用，与实际施工质量、墙体结构承载情况，存在着差异，具体表现为以下几方面。

（1）砖结构具有极强的抗压承载能力，当砖结构墙体承受破坏荷载时，出现破坏裂缝仍能继续承载，这一现象在遭受地震破坏未有倒塌的墙体上，可以见到。

（2）砖砌体抗压强度同砖与砂浆间的粘结强度几近无关。曾做过这样的试验，砌墙时在灰缝中用薄锡纸隔离砖与砂浆接触，砌体抗压强度不受影响。

（3）砖砌体试件为独立柱体，抗压试验是承受集中荷载，而砖结构建筑除了独立砖柱有相同之处外，砖结构墙体大多是承受均布荷载。即使是主梁下的集中荷载，通过构造上梁垫、圈梁的过度，荷载由集中于单砖上，逐层向下经由墙砖齿缝咬合传递，扩散成均布荷载。

（4）砖结构房屋建筑的空间工作原理，纵横墙之间的齿缝咬合（或构造柱），相互传递荷载和支撑作用，形成盒子结构，确保房屋结构的整体坚固性。

（5）砌砖施工作业，不可避免存在着削弱墙体质量的诸多不利因素。如脚手架搭设支承在墙体上动、静交替的施工荷载；在墙体上为预埋水电管线留置的沟槽；施工洞口、脚手眼封堵不严的缺陷；为施工作业流水分段留置楼层高的大直槎，钢筋拉结筋的遗忘或接槎砌筑质量差对墙体整体性的削弱；独立墙体在屋盖或楼层结构未予施工前的稳定性等，还有其他操作上的陋习，会构成对建筑物整体性的削弱和隐患。之所以有些施工中的缺陷，未能直接形成事故，是被砖结构特殊受力性能和安全储备的透支所包容和掩饰，只有在遭受自然灾害的强烈地震、水灾作用下，才暴露无遗。

砖砌体强度及匀质系数研究，完成于20世纪60年代，距今已半个世纪。研究工作汇集了一些地区砖砌体抗压强度试验结果，为确立我国在砖结构理论计算上，提供了可靠的数据资料，并填补了空斗墙理论计算的空白。研究工作总结了：砖与砂浆材料的非匀质性所引起砌体强度的离散性；瓦工操作技术熟练程度对砖结构质量的影响；施工质量各种不利因素的提示，为以后开展砌砖技术研究指明方向，起到里程碑作用。

五、砖砌体抗剪强度研究

砖砌体抗剪强度的试验和研究，是由四川省建科所、南京新宁砖瓦厂、南京市勘察设计院，于1977年9月～1980年7月共同完成的科研成果。砖砌体抗剪强度试件采用对角线加荷试验方法（图16-2、图16-3），测定砌体试件齿缝剪切强度。通过400个齿缝抗剪试件和一批相对应的通缝抗剪、轴压试件的比对。试验结果表明：砖砌体抗剪强度取决于砖与砂浆的粘结力，粘结强度与砂浆强度有关。更为重要的与墙体砌筑砂浆饱满度，砖的洇湿程度密切相关。对于齿缝抗剪强度、当竖缝砂浆饱满度为100%时，可较通缝抗剪强度提高50%左右，反之竖缝不满或无砂浆，强度损失为40%～50%。

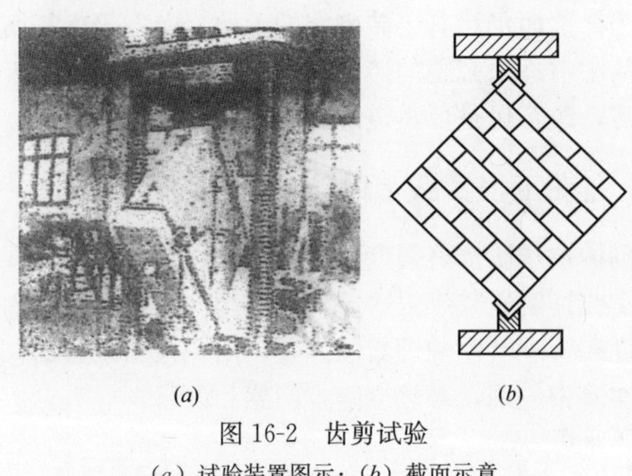

(*a*)　(*b*)

图16-2　齿剪试验

（*a*）试验装置图示；（*b*）截面示意

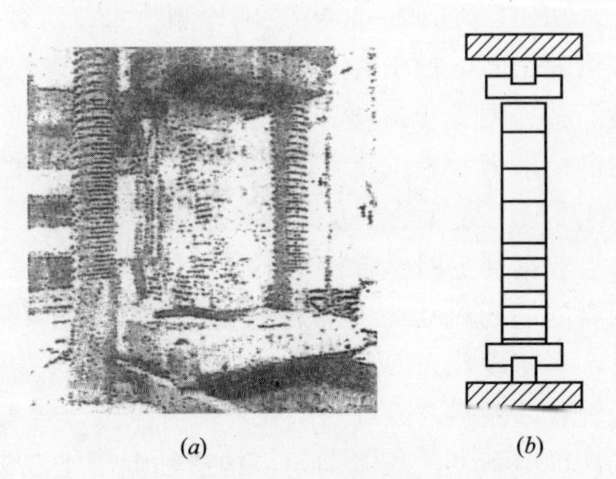

(*a*)　(*b*)

图16-3　通剪试验

（*a*）试验装置图示；（*b*）截面示意

砖砌体抗剪强度是砖结构建筑抗震性能的一项重要指标，包括遭受飓风、暴雨、洪灾冲击力的防御能力，它的重要性远超过抗压强度。抗剪强度试验研究，把洇砖和砂浆饱满度提到砌体抗剪强度得与失的高度，起到对砖结构施工质量的警示作用。用干砖砌墙，砂浆早期脱水，可以使砌体抗剪强度完全丧失。湿砖的科学道理：湿砖冲去砖表面的粉屑，增强砖与砂浆的亲和力，提前1d湿砖，砌筑时砖表面略有风干，挤浆时易于做到砂浆饱满，表面风干的砖能吸取砂浆中多余水分，砖吸水时砂浆骨料砂子紧密吸附于砖的粗糙表面，形成吸附粘结，建立墙体的临时强度。砂浆饱满度与湿砖有着相辅相成的作用。这两项施工工艺要求，老一辈施工管理人员，把湿砖视作施工准备头等大事来抓，由人力挑砖上脚手架，在脚手架平台上放置大水桶，挑砖工人途经平台，把砖浸入水桶视冒泡与否。对砂浆饱满度的要求更为严格，当时采取灌浆法砌筑（灌浆法操作由于工效太低，被“三一”砌砖法所替代），每砌完一皮砖，用稀稠合宜的砂浆灌缝，砖块在墙体中完全被砂浆包裹着，增强了墙体的坚固性。湿砖和砂浆饱满度不是什么复杂的操作工艺，然而仍然有干砖砌墙的工地，南方仍盛行摆砌法，每年被洪水冲塌的房屋，从中清理出完整的砖块，继续再建，重复着昨天的故事。可见传统的砌砖工艺陋习，改革仍是任重道远。

六、三项研究在工程实践上的认知和应用的误区

砌筑砂浆、砌体抗压、抗剪强度的试验研究，其目的是实现砌砖工程数据化质量控制，然而实践证明研究难以逾越对砖结构内在的整体坚固性，缺少对工人操作技术熟练程度和管理上影响因素的估量，用少量测试数据，或对不确定因素的回避，在工程实验中应用，必然会陷入困惑和误区。

【工程实例】

本书13节旧房改造中，在对原结构墙体质量鉴定时，先后采用《砌体工程现场检测技术标准》GB/T 50315—2000三项检测技术，对砂浆强度测定用回弹法、筒压法，砌体强度用原位轴压法。砂浆原设计强度等级M2.5，回弹仪测定为M2.74，低于现行规范规定M5要求，设计认定为墙体质量不合格，需要加固。改用筒压法测定结果为M7.5。为了慎重起见，用原位轴压法直接测定砌体强度，9组测试点的数据，尽管是参差高低，总算全都合格。没有见到工程原本的面目，就凭这几组数据判定墙体合格与不合格，是不是太脱离实际，孰是孰非结论难下。干脆剥离内墙粉刷层，对整栋楼的墙体进行全数检查：墙缝划痕检查，用钉子划灰缝，不掉砂粒为M5以上；观察灰缝成色，用水浇湿墙缝成色一致，强度等级接近；敲墙振感，敲墙一端在另端有振感，砖与砂浆粘结良好。墙体组砌缝式、砂浆外口饱满度，灰缝均匀，构造柱混凝土浇捣密度等外观检查，除了少数窗台裂缝处拆砌外，墙体质量合格，免于加固（详《旧房改造中不同建筑结构抗震加固方法的工程实践》“建筑技术”2010年第9期）。

随着建筑工业科学技术的发展，在城市建设中砌砖工程日渐锐减，当代的设计、施工技术人员对远去的砌砖工艺生疏。建筑施工队伍中的工人，从大量工程实践中学会瓦工技术，无师自通自学成才，确有能工巧匠，然而施工队伍的流

动，工种作业频繁变换，这样的人也越来越少。

传统砌砖技术是不可能消亡的，接踵而来的是新中国成立以来各地大量兴建的砖结构房屋，还有百年历史建筑，进入“老年”需要维护、改造。据调查，截止 1989 年底，上海市共有工业与民用建筑 1.6 亿 m^2，其中 98%无抗震设防，初步统计需要加固房屋约 1 亿 m^2（包括形式多样的危房改造任务）。对全国而言，就是更为庞大的工程改造任务，这一历史重任必将落在当代建设者的肩上。瓦工技术、掌握传统砌砖工艺管理人才，重新成为建筑业的主流。

回顾传统砌砖工艺改革的历程，对砌砖理论研究认知和应用上的剖析，使之更好地为当今建设服务，是建筑技术历史发展长河中的接力棒，寄希望于当代建设者，以工程技术前辈对事业执着追求的精神为榜样，坚持实践是检验真理唯一标准的原则，发扬传统与现代相结合的精神，为继承悠久的传统砌砖技术，做出新的贡献。

17 历史建筑抗震性能探秘

天津某四合院建于20世纪20年代，进入大门便是内门的门楼亭子，两旁围墙高4m，前厅内院两边是三开间厢房，迎面是南北朝向五开间，中央为厅堂，后面的内院重复前院的组合，前后院外侧夹道两旁边房为食堂、厨房、卫厕等。正房室内净高4.2～4.5m，外墙为清水砖墙。磨砖对缝灌浆砌筑，墙厚为37.50cm，房屋建造细部、格局极为别致。地震发生后，除了屋顶上个别小烟囱甩落、门楼亭子木柱向一侧倾斜约15cm外，各房屋墙体完好无裂，连屋檐筒瓦瓦当均无跌落，实为奇迹。

奇迹的出现并非偶然。此宅拆迁时发现基础埋深达1.5m以下（冰冻线1.0m），砖砌大放脚宽1.5m，基础墙有50cm和62cm（二砖和二砖半宽）宽，大放脚基础墙下还有60cm厚3∶7灰土，房心土回填均用优质黏土分层夯实，紧密地包裹着大放脚基础，与上部墙体精细砌筑，纵横墙结合成盒子状结构，空间刚度增强，整栋建筑形成一个坚实的整体，在强烈地震作用下，整体房屋晃动但不裂、不倒。

灰土基础砖砌大放脚这一营造技术可以追溯到20世纪初直到新中国成立后60年代，在天津以及华北地区应用十分广泛。此传统工艺的施工方法为：木夯双人举夯、8人一组，铁硪（直径为30～40cm的铁饼）也是8人操作，三夯二硪将虚铺25cm厚3∶7的灰土夯实至15cm。密实度测定：挖切边长为20cm方盒状凹坑，深为一步灰土15 cm，注水不漏为合格。原建科院将北京城墙脚下的灰土切割成试块，当时的苏联专家称三七灰土为中国混凝土。灰土基础砖砌大放脚其结构强度、刚度远大于钢筋混凝土条形基础。因此，经受住了强烈地震的考验。

天津是唐山大地震波及区，房屋损坏和人员伤亡相对要少许多，那么唐山是否有奇迹存在呢？

某铁路站台上的天桥为钢结构，建于1922年，桥高5.9m，桥架延长段48.3m，跨越6股铁道线，还有4条上下坡引桥，总长85.8m。地震时仅引桥护栏被砸弯，整修后恢复如初。某候车雨篷为大小两座，屋顶为瓦楞铁屋面，木屋架、木柱位于上行站台上，分别建于20世纪20年代和50年代。小雨篷高5.65m、面积250m^2；大雨篷高7.5m，面积756m^2，四周木柱有32根。地震时多根木柱断裂，整个雨篷向东倾斜，抢修扶正更换16根木柱，随后继续使用。某水塔位于站台南侧围墙外，钢筋混凝土结构，建于1939年，塔高24m，容水量30t，地震时安然无恙，至今仍是铁路主要供水设施。

这四项建筑物——唐山大地震“幸存者”，当年的建造工匠未必预知有如此强大的抗震性能，在敬仰之余，应做出准确的评论以示后人。笔者认为：天桥属于钢结构，地震作用产生弹性变形，刚柔相济，质轻、复原快，节点构造合理，能吸收部分地震作用，即使结构变形倾斜、重心外移也不会倒塌。雨篷的木屋架、木柱为木结构，包括前面提到的宅院内的门楼亭子，节点构造多为榫卯结合，有着良好的吸收地震作用的性能，古建筑中以木构架承受屋面荷载，墙体镶砌在柱间，地震时墙倒屋不塌，可见古建筑的抗震性能，这是工匠们的一大发明。

水塔经受如此强烈地震却保存完好无损，主要由其内在因素所决定。按常规推理，可总结以下几点。

(1) 水塔自重大。作为单体构筑物地基基础也必然体大厚重，构筑物自重加30t容水量，地基承载力之大高于其他任何建筑。

(2) 基础埋置深。北方地区基础埋于冰冻线以下，基础底面可深埋至2m以下，相应增加基坑覆土厚度，当地还习惯于覆土时抛毛石。

(3) 基础与上层水塔结构均为同质构件。基础加覆土重量与此相抵，有效地降低建筑物重心、合理的建筑构造和节点处理、整体性和稳定性的加强使其可抵御地震。

(4) 上佳的施工质量。在铁路建设工程中，水塔属于特殊重点工程，无论在施工管理上，还是操作工匠的选用上，控制都极为严格。

(5) 持力层压密作用。水塔在建成后使用初期，存水和放空频繁，荷载动态交替变化，有利于地基持力层压密作用，几十年水塔基础周边土层的沉积，紧密包裹着基础外围，水塔犹如磐石般嵌固在大地上，推不动震不垮。

18　现场混凝土施工隐性质量问题的探讨和防治

我国建筑施工技术的发展，在现场混凝土施工作业方面尤为突出。施工现场主要作业内容，变为模板的支设、钢筋绑扎和混凝土浇筑。对混凝土工程质量的评定，只要试件强度合格、混凝土结构规格尺寸无误、观感上无蜂窝麻面，即认定为质量达优。这些表象能否真实代表混凝土质量，其实不然。本文即针对诸如混凝土结构整体强度的均匀性、高流动性混凝土硬化过程的收缩裂缝，以及混凝土振捣、养护操作上的陋习，对工程结构产生的隐性质量问题，进行剖析和解决方法的探讨。

一、混凝土结构材质不均一性

（一）柱混凝土浇筑

严格地说钢筋混凝土结构，各个部位的混凝土浇筑质量，在强度上是存在着差异的。以框架结构梁、板、柱、剪力墙为例，施工顺序先浇筑柱，泵送混凝土浇筑柱，经振捣后，在柱顶部积聚厚层水泥砂浆，强度显然低于柱体下部。错误的做法是在浇筑前将大量水泥素浆倒入模内，做施工缝处理；将首盘石子含量少的混凝土直接注入模内，更增大了柱混凝土的不均匀性。柱顶厚层砂浆在硬化过程中收缩下陷，如果梁柱混凝土同步浇筑，主梁密集主筋托住柱顶上部混凝土，在柱体颈部出现裂缝。因此必须对柱顶砂浆层进行改性处理，在柱混凝土浇筑高度剩余0.5m左右，充实掺入拌制石子含量较多的半干硬混凝土，进行振捣中和厚层砂浆，首盘石子含量少的混凝土卸在拌板上，掺入干净石子拌匀后入模。笔者认为泵送混凝土之所以加大坍落度，只是为了便于输送，而不是混凝土自身的需要。柱是承压构件，混凝土收缩变形影响结构强度，柱体受力主筋在柱周边，中间空当大，注入半干硬性混凝土经强力振捣，对提高混凝土密实性、均匀度，消除收缩裂缝极为有利。

（二）梁混凝土浇筑

梁混凝土浇筑，泵送混凝土不宜将混凝土直接注入梁模内。在梁模一侧堆高卸料，由布料工在视线控制下，用铲均匀推入模内，梁高超过80cm，混凝土宜分两次浇筑，在整条梁布料完成后方可振捣，第二层混凝土布料可以直接入模，布料超出梁高约5cm，第二层混凝土插棒应深入下层已被振实混凝土10cm，使两层混凝土石子和砂浆混合均匀。在梁端主次梁交汇处、柱顶密筋部位，从梁的疏筋处输入混凝土，透过密筋间隙看清混凝土贴模板面流动上升，切忌将混凝土卸在密筋处入模，或用振捣棒振推混凝土，待混凝土上升接近密筋下部5～10cm

时，在密筋近旁堆高混凝土进行侧振，利用高差使混凝土向上从密筋间隙冒出浆体，证明筋下混凝土已被振实，再行覆盖密筋上部混凝土，随同梁体混凝土进行有序插棒振捣和梁顶标高找平，为控制楼板混凝土浇筑厚度所用。

（三）板混凝土浇筑

板混凝土浇筑，泵送混凝土在楼板面上均匀卸料，由布料工初步摊平，厚度高出楼板 2cm，用刮杠由一端赶浆刮平，适当停歇让混凝土表面水分充分挥发收干，再用大木杠（截面 10cm×14cm 方木）墩平，杠杠相压渐进，对局部凹处（踩踏脚痕）补料拍实，木杠起落墩平时产生颤动，使混凝土石子间相互挤实，挤出砂浆上浮均匀覆盖在坚实混凝土层表面，直至上入踩踏无下陷印痕，随着水分挥发表层砂浆初凝变稠，再用圆盘抹光机磨平压实，或用小滚筒碾压，使混凝土改性成低流动状态，有效防止混凝土产生收缩裂缝现象。

（四）剪力墙混凝土浇筑

剪力墙混凝土浇捣，操作要点是均匀布料，分层浇捣，一般墙体厚度为 20cm，25cm，30cm，高 3～5m，墙体在墙角、纵横墙相交处和门窗洞口等设有暗柱、过梁，余下的部位配筋稀疏。混凝土卸料时严禁一次到顶，用振捣棒赶浆流向低处做法，因为大模板支设没有内撑，会造成模板受力不均，空模部位向内变形，所以必须做到均匀卸料，第一次混凝土浇筑高度 80cm 左右，进行有序振捣，一般分三次浇完。

二、振捣棒使用不当

高流动性混凝土具有自流密实特性，混凝土浇筑主要在于布料均匀性，如楼板混凝土浇筑就不用振捣器，木杠墩平、滚筒碾压就能取得密实效果，对于不同结构部位混凝土浇筑时，混凝土浇筑流动要在视线控制下均匀入模，能贴近模板表面上升，自流覆盖钢筋，即已进入密实状态，振捣棒要注意操作适度，防止以下几种错误操作方法。

（1）用振捣棒疏散混凝土，赶推混凝土沿水平方向扩散，破坏混凝土均匀性，振捣棒所插振位置成为石子稀少的砂浆窝。

（2）久振不息、重复振捣，操作者唯恐振捣不实，将棒插在混凝土中，过度振捣使水泥浆体上浮泌水，混凝土材质分层离析。重复振捣表现为无序插棒，容易插棒部位多振，密筋部位无处可插，也就含混跳过漏振。

（3）强力触碰钢筋、模板，借助钢筋、模板传递振动力，获取混凝土振实效果。这不仅会损坏振捣棒机件，还会造成钢筋位移、绑扣脱开和模板变形。浇筑梁板混凝土时，强力触碰柱钢筋，会破坏初凝后混凝土与钢筋的握裹力，造成柱角出现裂缝掉角现象。

（4）振捣棒慢插快拔，振捣棒的振动力呈梯锥状分布，振捣棒前部振动力最大，快拔在混凝土留下砂浆窝未能愈合。正确的振捣方法是快插慢拔、上下抽动，慢拔可以消除插棒留下的砂浆窝。

（5）将振捣棒躺卧在混凝土楼板表面、滑移振捣，经振捣后在板面上留下无规则砂浆带，会产生严重的收缩裂缝。

三、忽视混凝土养护

规范规定混凝土养护期为 7～14 天，多数工地难以做到，由于赶任务抢进度，施工作业进度安排挤掉养护工期。框架结构支模、绑筋、浇筑混凝土施工周期 5 天一层，在楼板混凝土浇筑后，有 1～2 天浇水养护就算不错，其间要完成楼面上测量抄平弹线，为上一楼层做施工准备，随即开始上模板、钢筋等材料和设备，楼面混凝土是在承载条件下建立强度，养护也就不了了之，混凝土柱、剪力墙就更无条件养护了。混凝土缺少养护或不养护强度损失可达 20%～30%，对于高水泥用量、高流动性混凝土尤为严重，以及普遍存在的温度裂缝现象，成为工程的一大隐患。

2008 年笔者参观位于上海虹口区建于 1933 年的经典历史建筑“老场坊”，为多层无梁楼盖、六角柱全现浇清水混凝土框架结构，依据屠宰工艺斜道、围廊、曲面栏板、放射性牛道，可见，该建筑结构造型独特，模板工艺极为复杂，混凝土浇筑外观质量，无论在规格尺寸、表面光洁度、六角柱体柱帽灰线清晰，轴线精确无可挑剔，从表面成色估量混凝土强度等级相当于 C20，经各处细心察看，竟然未发现裂缝和施工缝的痕迹，这无疑是养护的功劳。笔者从业几十年，难得遇见如此精美绝伦的混凝土结构。赞美之余联想那个时代没有像现代那样的搅拌、振捣等机械设备，全靠人力手工创造的奇迹，当时的养护工作做到绝对到位，何有强度降低、裂缝之说。

无独有偶，笔者出国探亲，住加拿大多伦多某高层公寓，近处一栋正在兴建的高层楼，在楼层混凝土浇筑后留下两名工人在浇水养护，一连多日未见工人上楼做上一楼层施工准备，去问询工地负责人，回答是混凝土养护期间禁止上人，本来工地上就没有多少工人劳动，8h 准时上下班，节假日照休不误，这在国内简直不可思议。

养护不是什么复杂工艺，用牺牲混凝土养护工期换取建设速度，得不偿失，应引起当代建设者足够的重视。

四、设计理论（现行规范）的“攀高”

笔者在协调设计方与施工方执行现行规范进程的工作中发现，在建筑结构构造、混凝土强度确定、钢筋配制的合理性和施工可操作性等方面，成了施工同设计争议的主题。突出表现为结构计算材质强度取用值的提升，除了正常结构配筋外，附加构造配筋也在放大增多，如钢筋搭接倍数，锚固筋长度、箍筋增量和加密区、防裂构造筋等，以及设计人员结构计算上的随意“增量”，给施工操作带来极大的难度。

有些结构并不十分复杂的工程，粗直径的钢筋大量应用，钢筋工人像编织箩筐那样、钢筋穿插其中，上下交错绑扎就位，想要做到钢筋间距、保护层符合要求难上加难，只能按设计图纸要求，一根不少成束进入模内（图 18-1），每根钢筋不能独立被混凝土包裹，失去了钢筋与混凝土所产生握裹力共同工作的作用，钢筋锚固筋再增长增多，又能起多大作用。钢筋密集程度充满梁柱内的空间，阻碍混凝土骨料石子入内，必然削弱混凝土结构强度，尽管设计结构理论计算是符合了规范的要求，而施工实践未能做到，成为工程隐患永久存留其中。

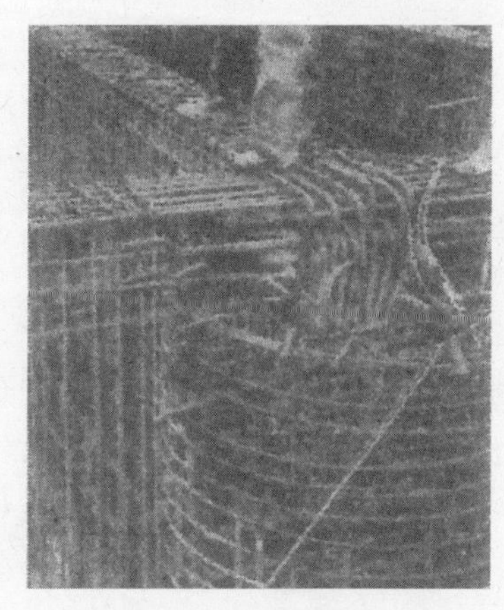

图 18-1　次梁负筋双排锚固筋成束伸入柱内

还有是混凝土强度等级选用问题，大量测试结果表明，超设计强度等级 1～2 级现象十分普遍，对提高结构承载能力安全度，不产生直接效能，而高强度等级混凝土带来的弊端，如水化热、收缩裂缝以及脆性破坏，影响到结构物的耐久性不容低估。

20 世纪 50～60 年代，在工地上经常可看见业内的专家们，深入工地关注他们的设计在施工中遇到的问题，虚心听取工人和现场施工人员的意见，随时进行调整和改进，同时也指导实施他们的设计理念要点，传授经验。正是由于设计与施工的密切配合，思想上的交融，才共同创造出真正意义上的优质工程。

本节谨以混凝土结构设计原理与施工工艺、建筑物使用功能、对现行规范执行中存在的问题进行初探，在操作方法上提出一些基础性注意事项和改进意见。

著文另一目的，也为现场施工人员、农民工兄弟介绍建设者应该怎样做工程，什么是真正的工程质量，什么是建设者神圣的职责，就让我们用自己的智慧、责任心和劳动创造，为让人民大众住上信得过的坚固耐用的房屋建筑而努力工作。

19　上海 6·27 大楼倾覆事故分析

上海 6·27 大楼倾覆事故，经一些专家调查认定为“低级错误”引发的事故，本着对事故发生不因噎废食、更不能掩饰真相的精神进行剖析，发现“低级错误”事故并不低级。

大楼倾覆事故是由土方堆积超载引起桩基承受侧向力，产生压力差造成，这是不可否认的事实，于是一些专家们提出以下观点。

一、“施工现场挖出土方一律外运、随挖随运”论

笔者主张尽量留存土方，因为基础施工完成后，需要及时回填，挖出好土绝对留用，垃圾杂土才外运，如果施工场地狭窄，用填土架高整个施工现场，形成一个高台施工区，暴雨袭来能阻挡地表雨水流入基坑，通过雨水渗透自然沉实松土；基坑周围施工道路是小区未来的通道，填土高于场地，经过运送材料重载车的碾压与振动，加固了路基。遇有混凝土灌注桩头，风镐凿下的混凝土碎片是路基极好的填料。如果有二期待开发的工程项目，在二期工程地基上高堆土方进行预压，如果施工场地大，允许将挖出含水量大的坑土摊开晾晒用作回填，这些做法无须投入太多的人力物力，即可获益。

现场存土使基础回填有了主动权，依靠外来运土回填，那就由不得你，土源在何处要找、要等，回填土质量也得不到保证。强调施工现场存土的必要性，是为了当基础施工完成后能及时回填，至少回填至地下水位以上，确保基础地基不受地下水、雨水浸泡。

二、“分部工程先地下后地上、基础工程先深后浅”论

由于倒楼的基础地梁深约 2m，地下车库基础深 4.6m，主楼与车库间距 7～8m，施工时降地下水位 5m 左右，必然对主楼浅基础产生水位压力差，主楼与地下车库基坑之间没围护，造成主楼地基下部土层向车库基坑方向有流动倾向。由此一些专家提出地下车库施工先于主楼施工，这是不现实的。主楼施工需要周围有一定的空旷场地，由于大宗材料的堆放、施工循环道路的畅通以及主楼施工周期至少一年以上等因素，因此必须先完成主楼施工任务，后进行地下车库施工，这是合理的施工顺序。地下工程施工随时会遇到不可预见的情况，例如地下上下水管道、电缆、局部生活垃圾的填埋，以及旧建筑基础的清除等，都需要有应急的防范措施，因此，对地下工程施工实行监控非常必要。

三、“设计符合规范”论

大楼倾覆事故发生后，有关科研、勘察单位对工程结构设计与施工质量进行全方位的检测，各项测试数据均表明能符合设计规范要求，于是一些专家认为“设计符合规范要求，事故属低级错误所致”。但是现行结构设计规范设计原则是以竖向荷载作用为主，用为竖向荷载作用服务的检测方法鉴定大楼倾覆事故是否妥当。从大楼整体倾倒却不散架可足以证明框架剪力墙结构的整体坚固性。而对基础结构设计选用预制空心预应力管桩问题，从承受竖向荷载作用亦无可非议。管桩直径为500mm，混凝土强度等级为C80，单桩承载能力在上海软土地基可达2200kPa，问题是管桩属细长构件，表面光滑，与土壤接触摩阻力小，不能形成桩侧向力的约束作用，当大楼一侧堆土超载对大楼基础桩基产生压力差，管桩地梁离地面仅2m，土体在管桩间快速通过，将大楼地基梁下土层掏空失稳而倾倒，同大树根浅而倾倒同样道理。

通过上述分析，此工程事故的发生由多种因素造成，不能以简单的“低级错误”所掩盖。从分析中可以看到设计的欠缺，在对建筑结构（管桩）构件的受力性能、建筑结构物整体坚固性、设计规范的应用以及对施工工艺的了解、认知上的不足。同时施工人员缺乏实践经验和严重失职行为，是造成此事故的真实原因。事故的教训是沉痛的，对事故的深入分析和研究，旨在杜绝同类性质事故再度出现。

四、结论

（一）高层建筑必须设地下室

这不仅仅是使用功能上的需要，也是国内外业内人士在经历过地震灾难后，为提高高层建筑抗震性能而达成的共识。在大城市建设中，向高空、地下获取建筑空间是普遍的做法，即使是多层、低层（别墅）建筑中也应尽力设地下室或半地下室。笔者在上海佘山风景区别墅工程中负责设计深化工作，将原设计一律改为设半地下室，在地基承载力低于8t的软土层上，用桩基和地下室箱形基础，结构上保证了房屋建筑的整体坚固性，极大地满足了住户使用功能上的需求，而且地下室施工挖出的土方，正好满足施工现场回填的自给自足，降低工程成本。

（二）不可盲从规范

规范、法规是工程技术人员必须严格遵守的法则，用“数据说话”是科技人员表达对客观世界认识的重要依据，这是不可否定的。但是随着科学技术的发展，大量新技术、新工艺、新材料的出现，规范和标准的某些规定的滞后现象已经出现，有些规范条文脱离实际，存在不确定因素或者片面追求“数据说话”会产生误导。

（三）加强施工队伍建设

当今工程建设施工队伍多以缺乏专业知识的农民工为主力，缺少能工巧匠，他们未经专业技术培训便匆匆上岗，这是一些灾难性重大事故发生的重要原因。因此，加强施工队伍的建设、培养具备专业施工技能和知识的建筑工人迫在眉睫。

20 超载与失稳事故案例分析

工程建设施工过程中超载与构筑物失稳引发事故，在看似正常施工作业情况下，突然发生，或单独由超载引起，也有两者不期而遇同时出现引发事故。

一、案例

（一）屋顶超载屋面板坠落

某仓库工程结构为单层工业厂房钢筋混凝土预制装配式工程，屋面为预应力拱形屋架，21m 跨，屋面板为 1.5m×6.0m 预制槽形板，由于拱形屋架上弦不符合 1.5m 屋面板的模数，屋顶中央设 30cm×30cm×600cm 预制梁填充，在屋面结构进入吊装施工时，30cm×30cm×600cm 填充梁未能按时供上，考虑到施工作业的连续性，不能因为填充梁而影响施工进度，经研究，吊装施工继续进行，留出填充梁空档后期安装。待等填充梁供应到达现场时，整个屋面吊装工程已经完成，于是采取将填充梁吊至仓库端跨屋面上，用人力滚杠牵引方法，将填充梁运至各个跨间就位安装，填充梁重 1.35t，由 4 名工人用撬棍在屋面板上拨移填充梁就位安装，当时没有考虑到屋面板的承载能力，大型屋面板的边肋截面为下 4 上 8，高度 30cm，单筋 Φ 14，肋端角钢预埋件，屋面板与屋架联结点为 40mm 长埋铁构造焊缝，且四角可焊点为 3 个。填充梁加上 4 名工人体重，主梁在滚杠接触点位置为集中荷载，显然已经超载，在前两跨安装时安全通过，当进入第 3 跨时，屋面板突然断裂坠落，3 名工人随屋面板一同跌至 9m 高的地面上，其中 1 名工人伸开双臂悬挂在梁上。幸好厂房内正在进行填土作业，松软土堆起到缓冲作用，未造成严重伤亡事故。

（二）基坑边堆载，地下连续墙轴线移位

天津云翔大厦高 29 层，地下 2 层，地下连续墙 0.8m 厚，基础底板厚 1.2m，在地下连续墙土方挖至基础底，上部水平支撑正待安装时，因为急于做基础底板混凝十施工准备，将大量钢筋堆在基坑一侧，随即出现地表面平行于连续墙的一条裂缝，当时对 50m 长的连续墙中央位置检测，其轴线内移 5cm，责令工地立即将钢筋移走卸荷，加快进行内支撑安装、并用大吨位千斤顶支顶，误差已不能复原，但避免了连续墙倾覆事故的发生。

（三）河岸位移

2003 年上海某小区施工，在弧形外弯河道岸边，进行堆土造假山，土方车、推土机在河边行驶产生振动。随着堆土架高，对河岸挡土墙产生的侧压力，能否经受得住产生疑虑，于是一方面请设计审核挡土墙的承受能力，另一方面指派监

理日夜监控挡土墙变形情况，果不其然，挡土墙伸缩缝处出现错位4cm，并有迹象表明河岸有外移可能，立即通知施工方停止作业，推土机撤离现场，由设计提供加固方案，避免了河岸坍塌事故。

（四）多榀屋架整体倒塌事故

天津大成五金机械厂仓库工程，结构为砖柱、木屋架，砖柱截面尺寸为50cm×50cm，柱高4.5m，屋架跨度12m，间距4.2m，砖柱砌完后立即进行屋架吊装，用扒杆人力推盘起吊，第一榀屋架安装就位用线坠吊直无误后，即用缆绳固定。第二榀屋架安装以屋脊木檩条水平间距控制垂直度，按常理应该没问题，也就不再用线坠逐榀检查垂直度，待完成多榀屋架吊装时，发现屋架一边倾倒向第一榀屋架方向，经检查倾斜10cm，工程速度紧迫不容拖延。经研究采取用缆绳牵动屋脊，带动所有屋架一起纠偏，这一错误决策，源于把刚砌好砖柱顶端视为屋架支座固定端，由起重工班长指挥人力转盘牵引，起先稍加用力未见动静，于是又加大用力，突然间“轰隆”一声，屋架连同砖柱，在柱体根部断开倒塌，其他屋架随之倾倒，起重工班长站在前端，躲避不及被砸。

（五）山墙失稳倾斜

某工业厂房，结构为砖墙附墙垛，木屋架，由于厂房跨度大，山墙砌筑高度也高，山墙砌筑与屋架吊装同步，用独脚扒杆人力转盘起吊屋架，扒杆用缆绳四角固定在远处地锚上，随着山墙砌高触碰到其中一根缆绳，当屋架起吊时缆绳被拉紧，触碰山墙的缆绳产生水平推力，山墙随即向内倾斜，脚手架搁置在山墙上的横杆被拔出，架子上的工人转身抱住脚手架杉木立柱，山墙内侧还有多人站在下面，幸好山墙未倒，事后检查山墙向内倾斜20多厘米，这要感谢砌砖师傅的砌筑质量，砌筑的墙体灰浆饱满，墙砖浇水润湿合宜，砖与砂浆层之间形成吸附粘结，所建立的临时强度，确保了墙体的稳定，山墙的两端附墙砖垛，起到平衡支撑作用，共同抵御缆风绳给予的水平推力。不难想象如果是干砖砌墙，砖与砂浆粘结力差，墙体很难保证不倒。

（六）楼面模板坍塌

天津某制氧车间，屋面为两跨现浇钢筋混凝土梁板结构，主梁间距4.5m，厂房高度达10余m，模板设计采取主梁鹰架支撑、顶板反桁架下沉式架空支模、反桁架经过计算和试压检验，鹰架支撑体系采用脚手架杉木立柱，高度不够采取拼接加长，拼接方法用夹板钉结合，拼接部位在模板支设时增设水平拉杆，以确保模板结构整体的稳定性，模板支设完工后进行全面检查，重点放在拼接点水平拉杆的牢固程度，在钢筋绑扎后，模板支撑体系在接受初步受力情况下，一些结合点的缝隙受力闭合，可能会出现各鹰架间受力不均，经过检查进行调整和加固，对混凝土浇筑交底时强调浇筑线路、混凝土铺摊均匀，在混凝土浇筑同时，安排木工加强支撑体系受力变形情况的监控。当混凝土开盘浇筑后2个开间，模板发生坍塌，楼面混凝土已完成60%浇筑量，在楼板主梁中央楼板下陷

40～50cm，幸好主梁钢筋的承托和支撑拉杆断裂后杉木立杆靠向邻近立杆，阻碍了鹰架继续坍塌变形，仗着混凝土浇筑不久，立即用千斤顶支顶模板复原，继续完成混凝土浇筑任务。

（七）托梁的偏载

天津某钢厂中板车间，为两跨连续钢筋混凝土预制装配式厂房，屋架跨度24m、柱网6m×24m，生产工艺要求两跨中间柱网设24m托梁（下沉式桁架），承托屋面两跨各三榀屋架及屋面荷载，吊装施工在两跨柱先行安装就位后，再行屋架、屋面板吊装，起重机行至托架位置，起吊托梁就位，继续吊装屋架、屋面板，当一跨屋架及屋面板荷载作用于托梁之上，对托梁产生大偏心荷载作用，三榀屋架安装完后，发现托梁下弦向外侧偏移20cm，随即抓紧另一跨屋面结构安装，原以为将另一跨三榀屋架及屋面荷载就位后，能消除托梁下弦偏位复原，实际情况偏移仍保持原状，考虑到下沉式桁架托梁具有良好的稳定性，当两跨屋面对称荷载作用下，对托架横向位移的制约作用，结构是安全的。这说明托梁理论计算是按两跨对称同步承载屋面荷载考虑，而施工进程是一跨先行吊装施工完成后，再进入另一跨吊装施工，托梁必然有一个承受偏载的过程，这个难题还一直没有得到解决。

二、结论

最易发生超载现象，莫过于在楼面上、脚手架上的堆载，管理上稍有疏漏就会发生。2008年上海大渡河路旧房改造，工人在拆除砖墙时，不及时将其清理运走，堆在楼面上的碎砖、砂浆块足足有0.8～1m高，相当于在3.6m跨现浇混凝土楼板上承载12～15kN/m^2，超出设计荷载数倍，待发现时已有数日，紧急调人清理外运，事后对楼面进行检查，没有发现裂缝和下垂变形，侥幸脱险。

在楼层上砌墙，运料工人恨不得将一层楼的砖都运上去，在脚手架上规定放砖3行，往往5、6行都有，楼板上堆砖也会超载，这样用砖虽方便但不安全。

新中国成立初期发展建筑业，没有运输工具，材料完全依靠人挑肩扛，因此设计构件受到限制，以体积小、搬得动为标准，楼层采用钢筋混凝土小肋，预制混凝土板平铺，板上再浇4cm现浇层，施工顺序先安装小肋后铺板，一个房间一个房间地做，为了贪图方便，工人们把预制板运上堆在一处，忽视小肋承受力，突然间小肋断裂，坠落，重重地砸向下一层楼面，接连3个楼层全被砸塌。

建筑结构的破坏，很少因材料强度（抗压）原因发生事故，多数因整体坚固性和稳定性的缺失而引起。特别是在施工过程中，砖墙、独立砖柱砌至楼层高度，在梁板等水平结构未施工前，墙体和柱上端为自由端，经受不住水平推力作用，刚砌好的砖墙也曾被风刮倒。

21 偶发事故的预防

笔者以亲身经历和耳闻，对不同性质的偶发事故实例做以下介绍。

一、混凝土梁、柱拆模时严重掉角

1995年笔者在兰州西固电厂毕业实习，该电厂总控制室大楼现浇钢筋混凝土楼板拆模时，发生主梁混凝土大面积掉角、钢筋外露事故，施工管理人员从未经历过这种情况，大家谁也说不出为什么，事后用水泥砂浆抹抹了事。

这个事故的悬念牢记在笔者心里，直到笔者工作若干年后，在一次现场浇筑预制混凝土梁时（仍用木模），考虑到混凝土硬化时的收缩，混凝土浇筑时高出模板上口5mm，隔日混凝土初凝表面下陷，低于模板上口2mm，主梁边角混凝土砂浆紧贴在梁模上口，形成吸附粘结，梁角出现一条通长的断裂，模板拆除时梁角随即脱落。

终于揭开了兰州电厂混凝土大梁掉角之谜，此外由于西北气候干燥、风大，当时混凝土骨料使用卵石、火山灰水泥（早期强度低），混凝土强度等级为C13，混凝土浇筑时间在3月份，夜间气温接近0℃，主梁主筋为光圆钢筋，以及木模的吸水作用，众多的不利因素足以把梁角初凝前的混凝土拉裂。

由此得到教训，木模在混凝土浇筑前应充分浇水润湿，木材浸水膨胀闭合了模板拼缝，减少了混凝土振捣时漏浆，还有利于混凝土养护，涂刷隔离剂能有效预防大梁掉角。

二、现浇混凝土顶板下外墙体出现水平裂缝

天津某办公楼为现浇混凝土屋面顶板，完工后发现圈梁下沿外墙周边出现水平裂缝，裂缝位于圈梁底2～3皮砖的水平灰缝处，个别砖块错位外凸3～5cm，原因分析：在混凝土顶板施工完成后未及时做屋面保温层，太阳暴晒后，混凝土膨胀产生胀力，在圈梁下部向外滑移，由于梁底的砖层与混凝土粘结牢固，裂缝只能出现在梁下2～3层砖灰缝处。墙体水平裂缝没有好的补强办法，曾做过屋面浇水降温，使混凝土回缩，效果不明显。只能将灰缝松动的砂浆剔除，加深勾缝砂浆厚度，尽快完成屋面保温层施工。

三、高温下混凝土出现裂缝

上海某大楼3层楼板混凝土浇筑时，正值8月高温季节，白天最高温度达38℃，混凝土强度等级为C30，泵送混凝土坍落度为16～18mm，待混凝土在楼

面上摊平时，混凝土的水分大量蒸发，表面出现不规则裂缝，并呈现初凝状，情急之下动员大量工人进行抹压搓平，试图闭合裂缝，也无济于事了，最后在楼板表面加抹了 2cm 厚水泥砂浆。高强度等级、高流动性混凝土是不宜在高温条件下施工的，有的工程为了抢进度，在混凝土中掺加缓凝剂，并不见效。有经验的管理者掌握气候变化，选择晚间浇筑混凝土或者避开高温，给工人们稍有休息调整的时间，即使推延了工期，换来的是热情高涨的凝聚力，工程质量也能得到保证。

四、定位轴线误差引发的事故

天津轧钢厂露天跨钢锭堆放车间，土建完工后进行桥式吊车安装，发现桥吊 4 个轮子啃轨，不能正常行车，重新测定吊车梁上的钢轨跨距，结果却显示准确无误，问题出在哪里呢。经过进一步检查，原来是车间柱轴线偏移所致，钢筋混凝土装配式厂房的定位轴线是以柱外边线为准，为了便于施工，改为以柱基中心为施工控制轴线，两轴线之间差为 20cm，于是在龙门板上出现两个轴线钉子控制标志。粗心的施工员在柱基中心拉线定位时，一端挂在建筑物定位轴线上，另一端挂在柱基中心线上，偏斜了 20cm，车间的定位轴线成了带夹角的平行四边形，而桥吊 4 个轮子的中线是直角矩形，两者怎能吻合。

事故的处理必须将柱复位，推移柱基是唯一的选择。先将柱基周边的填土挖深至基础垫层，用大吨位千斤顶在柱基一侧逐个向柱中心线顶进复位，上部结构不动，作业难度可想而知，如果当初进行测量复线，就可避免事故造成的损失。

五、冷库地基冻胀事故

天津津塘公路某冷库投产多年后发现库房内地面隆起，地面混凝土严重开裂，位于中心部位的柱上抬，支顶屋顶中央的屋架立柱、屋脊向两边拉开分离达 10cm，与中心柱相交的主梁端部均出现破坏裂缝，从表象分析无疑是地面以下保温层失效，冷库库房内的温度常年保持－20～－18℃，原设计用 50cm 厚炉渣、油毡、素混凝土地面，显然不能抵御低温渗透影响，经钻探冻层深度 3m 多，是地基冻胀力反弹引起了上层结构的破坏。事故的处理：首先解决地面的保温，采用软木垫层，浇筑钢筋混凝土地面，设膨胀缝。

六、刚被烧毁的大楼坍塌事故

珠海某仓库为 5 层钢筋混凝土结构，楼内各层存放大量易燃化纤物品。某天突然起火，火势蔓延到各个楼层，消防队极力灭火，灭火后业主立即动员现场近百名工人进入楼内抢救物资，百余名工人使用小车运输工具在楼内活动，突然间楼房坍塌，多人被埋，刚完成灭火工作的消防队员转而抢救伤员，还动员了武警部队支援，其惨烈程度不亚于一场强烈地震。

火灾过后急于抢救楼内物品是人之常情，但是钢筋混凝土结构的耐火性比不上砖结构建筑，混凝土被高温煅烧，表面的石灰石骨料被烧成石灰，产生炸裂，经消防水流冲击，石灰成膏状强度完全丧失，破坏了与钢筋的握裹力，结构整体强度严重丧失，加之众多工人在楼内活动的动荷载作用，楼房倒塌已属必然。

七、高层建筑脚手架倾倒事故

脚手架的搭设随建筑物主体结构施工高度逐层攀升，脚手架的稳固依赖于与主体结构的连接稳固，一般在梁柱混凝土上预留锚件，脚手架的拉杆与此连接。有些施工人员图省事，在门窗洞口墙内竖一立杆，脚手横杆伸入洞口，两头用扣件连接。脚手架各点共同承担以确保脚手架整体稳定性和抵御水平力（风力）的作用，使其都处在主动受力工作状态。有些节点不可避免地会妨碍其他工种作业，如门窗安装需要解开拉杆节点，安装后再恢复，那么这个节点的主动受力工作状态会消失变为被动受力，这种现象在工程施工过程中时常出现。如果大量出现，又未能及时处置，解开的节点不再复原，就会造成重大安全隐患。

脚手架主要担负建筑物垂直施工、水平运输的重任，特别在施工工期长或是烂尾工程要恢复施工，要重点检查脚手钢管和扣件锈蚀情况，是否与主体结构连接牢固。如果发现问题要及时更换和加固，容不得半点疏忽，一定要确保脚手架的安全使用。

八、建筑物变形缝违章操作

建筑物的变形缝属于结构构造措施，施工人员往往疏于管理，事后不检查。

上海一座桥梁栏板混凝土伸缩缝完工后不久，据市民反映栏板接缝出现宽大裂缝、缝内填满了塑料编织袋和生活垃圾，造成不良影响。伸缩缝处理常规做法为缝内嵌填软质材料，外口用防裂、防水胶泥封堵。

相同的情况也发生在某高层建筑的防震缝处理。防震缝设在两栋基础相连的高层建筑之间，以避免地震时相互碰撞和挤压，缝宽为 30cm，两楼山墙各自隔开形成空缝隙。某日为迎接文明施工检查，安排工人将楼层上堆积的建筑垃圾突击清理，工人为图省事将建筑垃圾全部塞入防震缝中，待塞到三层楼高时才被发现，事后立刻责令拆墙清除垃圾，消除了工程隐患。这是缺少责任心和管理疏漏所为。

结论

工程建设有别于其他有着稳定生产环境的工业生产，工程质量会受到不同地域、地理环境及气候的影响，即使在熟悉的环境下施工，也会遇到天气变化，施工作业地上、地下、高空的变换，还有施工队伍的素质、基层管理人员的阅历和责任心等，多种因素交织在一起，影响着工程质量的波动，甚至出现突发事故。这就需要施工现场的工程指挥者、管理人员凭借以往积累的事故教训和经验，去预测、预防各类事故的发生，牢记“成功是纠正错误的过程”这个道理。

22 墙体基础防水层失效与修补

防潮层设在基础与墙体之间，起到隔离地下水的侵蚀，一旦失效，墙体将长期受潮，由于室内墙体根部通风不畅，潮湿会导致墙面粉刷层发霉、空鼓、剥落，严重影响使用环境。在室外受潮墙体遭受冻融交替作用（北方）、沿海地区会受到含盐碱地下水的腐蚀，墙砖从表皮开始疏松剥落，降低墙体结构强度，类似现象在一些老建筑中随处可见。

一、防潮层失效主要原因

由于防潮层失效在房屋建成后若干年内不显现，出现问题后施工队早已无影无踪，不容易追究责任，所以防潮层失效的主要原因是施工操作不重视。

二、防潮层施工方法

防潮层的一般施工方法：

（1）抹 2cm 厚 1∶3 水泥砂浆掺防水剂；

（2）用 1∶3 水泥砂浆砌 3 皮砖，要求做到横竖灰缝饱满度为 100%；

（3）设置钢筋混凝土地圈梁。

在以往传统施工中，可以用油毡做防潮层，也能起到防潮作用，但是不利于建筑物抗震，且油毡耐久性差。在土坯墙建筑中传统做法用麦秸秆做防潮层，将麦秸秆扎成 5cm 捆把，按墙宽用铡刀切割成段，平铺在基础顶面，然后砌压土坯砖墙，防潮效果极佳。

应把防潮层施工作为一项独立工序进行操作，因为基础完工后其他作业工序紧跟而来，必然会对基础墙顶面砖层产生碰撞、松动、污染的影响，同时应防止施工队将砌基础剩余的砂浆加水泥当作防潮砂浆，因此必须在基础回填土完成后进行防潮层施工，补砌被碰撞、缺损松动的基础顶面砖，清除回填土对防潮层基面的污染并浇水润湿，无论采取何种防潮层做法，必须坚持浇水养护至砌上层砖墙为止，为防止其他工种对防潮层的再次损坏，在防潮顶面平铺砖块并覆盖草袋浇水养护。

三、防潮层修复方法

墙体防潮层的修复是件复杂细致的工作，先要查清防潮层破坏的具体部位，因为多数情况下破坏是局部的，毛细管渗水作用可以扩散，长时间作用将造成整片墙体受潮。对于严重受水侵蚀墙体的修补，在北方俗称“掏碱”，修复时可以将墙砖进行置换、局部拆砌补做防潮层，也起到对墙体的加固作用。对承重墙的墙体进行置换，先将楼面荷载过渡到临时支撑上，施工中一定要做好安全防范工作。历史建筑的保护性修补、操作更要细心到位，必须使用原有墙砖和原始材料（一些名宅在内院会储存一些建筑所用砖瓦材料），真正做到“修旧如旧”。

四、外墙渗水原因

外墙面的渗水主要指受雨水浸渗透过墙体渗入室内，从某些城市建筑（包括高层建筑）的墙面上所留有的不规则被修补过裂缝痕迹，便可看到质量问题的存在。

造成外墙面渗水原因涉及多方面因素。

(1) 当前墙体材料使用多孔砖、空心混凝土砌块居多，多孔砖砌筑竖缝砂浆不满或干缝，便成为渗水通道；多孔砖生产从土坯、煅烧、运输到现场，细细观察有些砖面会出现贯通洞壁的细裂纹。雨水便从上述两通道进入墙内，潜入多孔砖上下贯通的孔洞内，水分不易挥发，尽管墙外烈日炎炎，墙体仍是湿漉漉的。

(2) 施工作业的影响。脚手眼堵塞不严，水电管道穿墙而过，预埋管线墙体留槽都会给墙体渗水留下隐患。

(3) 结构构造上的缺陷。框架填充墙与混凝土梁柱接触面缝隙处理，梁下立砖斜砌灰缝不严，里脚手砌外墙砌至梁下 30～40cm 高度，操作空间狭小导致砌筑质量不佳。

五、外墙渗水防止措施

多孔砖墙外粉刷抹灰，对墙体固然能起到防雨水渗透作用，但是必须先做好墙体自身防水。多孔砖砌墙竖缝砂浆每皮砖应该用瓦刀刮填严实，对于砖面有裂缝贯通孔洞的砖，砌筑时应将裂缝转向室内，立砖斜砌改用实心砖，缝隙应填砌密实，砌完墙体按清水墙要求做原浆勾缝。

其次是控制好抹灰层厚度，墙体结构垂直、平整度施工误差通常用抹灰厚度找平调整，结构误差过大是抹灰层增厚的主要原因，高层建筑尤为严重。超厚抹灰层硬化过程中容易产生收缩裂缝和空鼓现象，裂缝成为墙体渗水通道，久而久之抹灰层空鼓脱落，伤及路人。因此控制抹灰层厚度要从墙体结构施工时做起，应加强每层墙体结构垂直平整度检测，出现超标应及时纠正，要为下道抹灰工序创造良好作业条件。在抹标筋找平直面时，不应刻意追求零偏差，在保留允许偏差范围内调整墙面平整度。遇有外墙面设有腰线用挑檐过渡，以腰线独自调整，尽量减薄抹灰厚度。

六、抹灰质量控制措施

确保抹灰质量操作工艺中重要的一条是对墙体抹灰基面浇水润湿，这是极为简单的非技术性操作，常被忽视。抹灰层养护主要是润湿墙体的水分反哺养护，干墙抹灰早期脱水，将造成抹灰层自身强度的损失可能无伤大碍，但是会严重降低抹灰层与墙体基面的粘结强度，如果外墙装饰贴面砖，抹灰层持重加大，对粘结强度又提出更高要求。

抹灰层的质量除防裂、防水外，对工程结构防护作用不可低估，除此以外还要经受大自然高温日晒、暴风骤雨、寒暑温差的影响，它的耐久性要与工程结构共存百年。因此要扭转当前工程界盲目追求建设速度，缩短装饰工程施工工期，对待抹灰装饰工程注重表面、漠视内在质量的现象。

七、结论

墙体防水虽然受地域、施工工艺及施工材料等的影响，但最重要的还是取决于施工队伍的素质、基层管理人员的阅历和责任心。只有真正做到尽心尽力，才能创出精品工程。

23　地面塌陷和建筑物不均匀沉降

地面塌陷和建筑物不均匀沉降，同其他工程事故一样，并非都是工程技术难题，而往往是在工程进度和施工质量等一些非技术因素发生矛盾时，退而求其次造成的后果。

一、地面塌陷

2011 年上海火车站北广场马路地面突然塌陷，幸好无行人车辆通过；在兰州还发生过一辆大型汽车式起重机陷入马路塌陷地坑里，原因是地面下地基土流失。在一些住宅小区的道路、建筑物周围的地坪、马路旁的人行道、工业厂房的混凝土地面都有地面下陷事故的发生。

（一）案例

案例 1：厂房地面下陷

上海某印刷博物馆，走进大厅，与厂房车间相接的一条通长横向过道走廊，混凝土地面每隔 5～6m 就有一条断裂，踢脚线与地面脱开，表明地面已下陷，在厂房车间，混凝土地面纵横不规则裂缝随处可见。运输书籍、纸张成品的电瓶车，驶过地面裂缝处发出“咯噔”声响，说明地面已空鼓，与路基土层脱开。幸好大型印刷机器的基座，安装在水平度为“0”误差的群桩基础上，使生产还能正常进行。混凝土路面的修复比新建难，印刷厂车间对环境洁净度要求很高，修补混凝土路面又不可能是无粉尘作业，生产也不能停，只能任其自然。

案例 2：马路地面下陷

上海某小区外一条马路，刚建成不久，就安装地下煤气管道，用风镐破开沥青混凝土面层，采用小型挖土机挖槽，槽深 1m 左右，铺混凝土垫层，安装煤气管道，原土回填，一步回垫至路面碎石垫层标高、用挖土机料斗起落替代夯土作业、铺碎石垫层，用挖土机履带来回碾压找平、浇筑混凝土垫层，摊开找平，不振捣，也不浇水养护，隔数日，待混凝土干燥即铺设沥青混凝土路面，此时才开始用压路机碾压找平。作业过程全部采用机械操作，数日后撤围栏通车，这样做路面日久会有沉降，好在沥青路面沉实后再补上一层。

城市马路施工大都在夜间，质量管理检测、监理旁站执行情况，也就不得而知了。

（二）解决方案

解决方案 1：自存土方回填

地面工程施工工艺并不复杂，但要完全满足规范要求，是有一定困难的。

在上海城市建设中，由于回填土资源匮乏、土质难以达标，当基础工程急需回填时，一般用外调土方回填，由于外调进场的土成分复杂，会遇到淤泥、建筑垃圾混含其中，施工单位难有选择余地。因此在工程进入基础施工的同时，就要考虑回填土源问题，尽量要有自存土源。

上海佘山建设别墅小区，把小区景点开挖人工河道的弃土，运至二期土地存放，原设计别墅无地下室，改为全做地下室，地下室挖上就地填高施工场地，把建筑垃圾中木块、铁钉等杂物清除掉做道路垫层，同时用大块毛石平铺路基，既是临时施工道路又是以后的小区道路，任凭过往施工车辆来回碾压(局部有下陷不平处随时填补)、小区道路路基在施工过程中基本完成，整个施工回填土自给自足。

解决方案 2：泵送混凝土改性操作

目前路面施工采用泵送高流动性混凝土，应该说不适用于路面工程，高流动性富水泥砂浆混凝土，主要是为方便混凝土输送施工，非混凝土自身需要。理想的混凝土应该是石子骨料紧密排列，石子间的空隙由砂子填充，水泥浆包裹并粘结所有骨料。在混凝土配合比设计中，石子粒径越大混凝土强度越高，泵送混凝土石子粒径偏小，且石子悬浮在砂浆中，经振捣后石子下沉，混凝土表面存积厚层砂浆，强度显然是低于混凝土设计强度等级，且不能满足混凝土路面耐磨性和耐久性要求。

上海莘庄某停车场混凝土路面施工，采取“改性”处理，路面混凝土选用C25 厚 15cm，垫层 10cm 厚碎石，混凝土浇筑前对碎石垫层适当洒水润湿，路面混凝土经平板振动器强烈振捣，使混凝土一部分砂浆渗入碎石垫层，起到加强和增厚作用，经振捣后表层剩余砂浆层采取掺石子中和，将灌注桩头凿下混凝土，敲成 2.5～3.5cm 碎块或用洁净石子撒在混凝土表面（均匀不重叠），再次进行振捣，至平板振动器反弹跳动，人站立无陷足现象，证明已振捣密实，混凝土表面积存 1～2cm 厚砂浆层为好，在表面出现初凝状况时，用小滚轴反复碾压进行找平，再用圆盘抹压机压光，隔日蓄水养护，这是一次对泵送混凝土改性操作方法成功的试验，在以后其他工程中推广应用都取得良好的效果。

二、不均匀沉降

（一）案例

案例 1：墙体外倾

天津解放南路中学教学楼按照地勘资料进行基础设计，当建至首层，墙体施工完成时，发现东配楼墙体外倾滑移现象，用轻便触探仪发现基础外侧为钢厂钢渣回填坑，地质勘探触点未探到，于是对配楼增加、增大地圈梁，进行加固，对填坑采取灌浆等措施。同期施工的第六中学教学楼，开挖基槽在位于建筑物中段位置，从基槽土层切面发现土质有异样，在挖至槽底进行晾槽拍底时声响不同，当地人反映这里原有一条沟渠，正好斜穿建筑物中段。于是挖去松软土层至原状土层，分层夯实至槽底标高，消除了隐患。

案例 2：柱下沉

天津某冷库罩棚工程，为砖柱、木屋架、瓦顶。建成后经一场暴雨，罩棚中间一侧两根砖柱下沉，砖柱在圈梁下 4～5 皮砖层处断开倾斜错位，由于圈梁承托屋架及屋面荷载，未造成罩棚坍塌事故，原来此二柱的独立基础建在淤泥土层上，拆除砖柱及基础，清除淤泥回填好土夯实，重建砌基础、砖柱复原。

(二) 解决方案

解决方案 1：全面探槽

上述两例说明，地质勘探对地质土层分布和地基承载力的确定十分重要，为设计提供可靠资料，但是具体到建筑物所在位置，特别是在城市，地下地质情况复杂，常会遇到旧房基、地沟、枯井、墓穴等，因此在基槽开挖时要进行全面探槽，用蛙式打夯机拍底、观察槽边土层变化情况，以及用轻便触探仪，按1.5～2.0m间距普探基槽底土质情况，都能有效预防地基不均匀沉降。

解决方案 2：将台阶作为连体悬挑构件

在高层建筑施工中，常会遇到台阶、地下车库坡道与主体结构接口处，受沉降差影响出现裂缝，止水带受剪破裂，因此结构设计将台阶作为建筑物连体的悬挑构件。地下车库坡道采取钢筋混凝土底板，与地下车库底板结构连接处设托座，限制其相对沉降错位。

在软土地基上盖房发生沉降是必然的，天津、上海所建百年高楼大厦，均有沉降痕迹，大楼的台阶、柱基础低于人行道，进入大厅时下台阶，建于 20 世纪 50 年代的上海展览馆，其箱形基础，沉降已超过 1m 以上，在上层结构整体坚固性的条件保证下，均匀沉降不影响结构使用安全。

解决方案 3：不留后浇带的施工尝试

上海莘庄农行大楼，主楼高 28 层（5 层以上为居住用房），裙房 5 层（相当于居住楼 8 层高）。主楼与配楼间设后浇带，后浇带混凝土浇筑留设时间要在两楼主体结构完成后方可进行，需要 1 年以上，相当于在地下室底板上留下一条沟槽，其间会有大量施工过程中的混凝土砂浆、泥浆和水流入其中，钢筋在水中长期浸泡发生锈蚀，直接影响后浇带混凝土浇筑质量。据此施工方大胆提出设想——不留后浇带。考虑到地下室纵向墙体(40cm×500cm)的墙梁作用，与钢筋混凝土底板、顶板构成箱体空间结构，其整体性与刚度，能起到调整和平衡地基不均匀沉降，即使产生一些沉降差，也不会影响到结构安全。因此同意一试，待工程主体结构完成后，检查后浇带部位墙体无裂缝出现，在工程进入装修阶段，施工员反映配楼地面相对高差5cm，在铺设地砖时予以调整（本文取消后浇带不可作为经验之谈，应从结构设计和施工操作角度考虑如何解决好这一矛盾）。

三、结论

围绕着地面塌陷和建筑物不均匀沉降，当在工程进度和施工质量发生矛盾时，施工者应该作出明确抉择。只要摆脱侥幸心理，提高责任心，群策群力，精心施工，一些工程事故是完全可以避免的。

24 砌石作业面面谈

一、为什么砌石砂浆的水灰比要小？

砌石所用的砂浆与砌砖砂浆不同。砖的空隙率大，虽然在砌砖前要经过湿砖润湿，但是由于砖表面的水分蒸发，砖仍要吸收砂浆中的水分，因此砌砖用的砂浆水灰比要考虑砖吸水的影响。而砌石情况就不同，石材质地细密且空隙小，基本上不吸水或很少吸水，如果砌石砂浆具有砌砖砂浆同样的水灰比，那么石材与砂浆层之间会形成一层水膜，增加石材与砂浆层之间的润滑作用，加上毛石表面不平坐浆不稳，不利于墙体的稳定。所以砌毛石的砂浆要求水灰比小，稠度控制在3～5cm。但也要考虑施工季节的影响，雨季和和冬季稠度应小一些，干燥气候水灰比可以稍大一些。

二、为什么砌石必须要敲石振实？

砌石不同于砌砖，石块的形状和规格各不相同，石面凹凸不平很不规则，砌石所用的砂浆稠度小，流动性差，要使所砌的毛石做到砂浆饱满严实，是比较困难的。特别是毛石的碰头缝，深浅、宽窄和斜度都不一样，仅靠铺垫塞灰是很难做到砂浆饱满。因此必须在刚砌好的毛石面上，用手锤轻轻敲击，使石块产生振动，将凹凸不平的石面浸入砂浆中，碰头缝的砂浆也会受振自落沉实，然后再补充砂浆将碰头缝捣实，这样使所砌的石块底灰饱满，缝隙严实，完全被砂浆包裹起来，十分稳固，均匀传递压力。

三、为什么砌石勾缝不常做阴缝？

墙体勾缝的目的是为了保护砌体的灰缝不受雨水和大气的侵蚀，也是为了满足墙面美观的需要，按毛石组砌的缝式，构成各种形状的图案，是一种别具风格的建筑装饰。

勾阴缝的墙面，对墙缝要求严格，拼缝必须整齐均匀，灰缝要凹进墙面5mm，砌筑时要严格挑选，大部分石块要进行加工处理，石块边棱切口要清(清是指整齐的意思)，因此对石材的加工既费工时又费料，有时为了保持缝式的要求，就不敢多垫灰，出现干缝现象（石头碰石头），这当然会影响砌体强度，因此在非特殊需要的工程上，一般不宜采用阴缝砌筑。

常用的勾缝形式有平缝和带子缝两种；平缝用的较普遍，勾缝前将缝里的浮灰扫净，剔去余灰，剔缝深度约10mm，然后用水润湿，用1∶2水泥砂浆勾抹，勾缝的砂浆在灰缝处凸出墙面 4～5mm，两边应包住石棱，使雨水不致沿灰缝渗入墙内，最后抹实压光，扫去毛边。带子缝就是在平缝的基础上，顺着缝子形状切出一条凸出墙面的带子，使缝的轮廓更为清晰，增进墙面的美观。

带子缝操作分两道工序：先勾出平缝，要求与墙面一平（打底），用小扫帚扫出麻面，稍息一会，用小抹子在平缝上抹5～6mm 厚的水泥砂浆，抹光压实，待表面光泽已退（起干），用直尺切去边灰，即做成宽为 10～15mm 的带子灰缝。

勾完缝后对墙面进行洒水养护，使其始终保持潮湿状态，防止灰缝干裂和脱落。

四、为什么砌毛石墙不允许用翻槎石和斧刃石？

翻槎石和斧刃石都是一些楔状的石块（图 24-1），如不经加工就砌在墙上，使石面倾斜很不稳定，在砂浆还没凝固前，随着砌筑高度的增加，受上层石块的压力作用，使翻槎石和斧刃石顺着斜面下滑，以致使墙体变形或造成倒塌。

砌石必须做到大面朝下，平纹卧砌，下口要清，上口要平。当遇有翻槎石、斧刃石时，要进行加工，然后挑选平面砌筑。

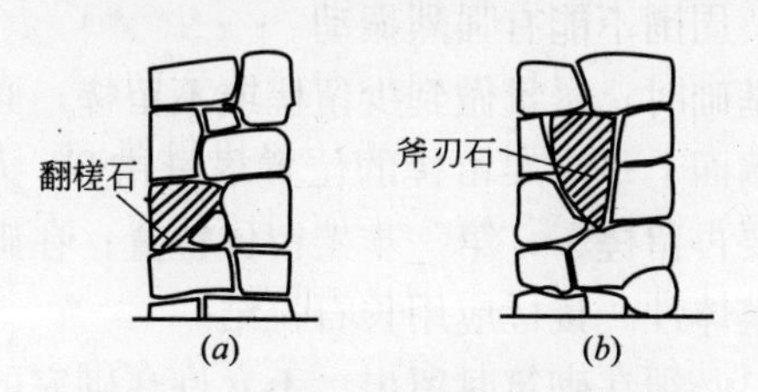

图 24-1　翻槎石和斧刃石示意图

（*a*）翻槎面；（*b*）斧刃面

25 砌石作业安全项

毛石墙体在砌筑过程中，砂浆还没达到强度要求时，稳定性是较差的，经受不起外力作用，稍不注意就会引起墙体坍塌，所以要严格按下列要求进行操作。

(1) 毛石墙的每日可砌高度不得超过一步架（1.2m)。

(2) 毛石墙砌筑时遇有不合规格的毛石，不准放在墙上进行加工，以防对墙体产生大的振动。

(3) 砌筑毛石墙体要两面搭脚手架。两面脚手架的穿墙横杆尽量从门窗洞口处通过，如必须留脚手眼，则脚手架横杆不能压墙。在距墙角 50cm 处和小于 1m 的窗间墙，以及在门窗口两旁 30cm 以内的部位，都不能留脚手眼。在清水墙面上留脚手眼应考虑墙面缝的形状，在堵脚手眼后能保持缝式的统一。

(4) 脚手板不准紧靠毛石墙面，打下的碎石应随时清除，防止碎石掉在脚手板与墙面的夹缝内，避免在脚手板上操作时，产生的振动挤压墙身。

(5) 砌毛石墙时，周围不能有强烈振动。

(6) 砌毛石墙和基础时，尽量做到少留槎或不留槎，必须留槎的部位应留退槎。还要注意在同一墙面上每步架留槎的位置尽量错开：如在基础留槎的位置，砌上部墙体时最好不要再留槎了；第一步架留槎位置；在砌二步架时把槎留到别处去，以增强墙体的整体性。接槎应用长石拉结。

(7) 管道过墙洞口必须在砌筑时留出，不允许在砌完的墙面上剔凿孔洞。

26　砌石作业俗语解

一、毛石下山都有位

砌石工人常说："毛石下山都有位，就看师傅摆得对不对。"毛石从山上开采下来形状很不规则，大的大、小的小，通过砌石工人的挑选，合理地全都砌在墙上，这是砌毛石的基本功。

毛石在砌筑前要经过粗略加工，风化石（俗称山皮石）应剔除不用，加工后的毛石长与宽之比不能大于 3，宽与厚之比不能大于 2，重量以成人能搬动为宜，各种毛石的比例是；较平整的毛石约占半数，小石块约占 20%（垫堵空隙用）。有了这些的毛石，就可根据不同的砌筑部位进行选石砌筑。

砌石时用目测的方法选石，根据砌筑部位的槎口和墙面缝式要求，选出形状大小与槎口相似的石块，可以不经加工或少量加工（将多余的棱角打掉），摆砌在砌筑部位上。砌同一层的毛石应尽量选用大小均匀的块石，同一墙面上大块石应砌在下部，小块石砌在上部，给人一个比较稳定的感觉。选石要考虑砌筑墙面的缝式，如砌"冰渣纹"清水墙，则石块棱角越多越好砌，尽量挑选裁口整齐、大面较平的块石。其余块石可供砌清水墙用，以减小石块的加工量。

选石是砌筑毛石墙的技术关键，总结砌石积累的经验，编成以下顺口溜：

最大块石砌基础，墙身砌石找大面。

砌角必须方整石，留槎拉结用长石。

加工石块找纹路，打下碎石作填片。

大小搭配全能用，活完料净剩不下。

二、"填馅"切忌石碰石

砌毛石墙要用小块石充填墙体的空隙，这叫作"填馅"。俗话说："多大的空填多大的馅"，不允许先用碎石填，再用砂浆找平，或只填砂浆不填石头，这样会使墙体中间架空，石块互不搭接，成了夹心墙，从而降低了毛石墙体的强度。毛石墙填馅要根据空隙大小，选用合适的小块石，铺垫好砂浆后挤入空隙，过大的空隙可以用两块小块石填砌，四周必须用砂浆填实，不允许石块碰石块，这样使墙体的毛石通过砂浆层均匀传递荷载，提高了毛石墙体的强度。

三、疙瘩奔线

毛石没有顺直的棱角和平整的表面，不能像砌砖那样"上跟线，下跟棱"般砌筑，而是用毛石比较平整的表面，以表面凸出部分（也称“疙瘩”）为准；挂线应距所砌墙面约 5mm，挂线高度在毛石的上半部位置，是冒线砌筑，砌筑时先铺底灰，底灰厚度为 2～3cm，双手捧石，外托毛石底棱，下口奔棱，上口奔线，使墙面的“疙瘩”都靠近挂线，由线往下穿看，墙面的“疙瘩”都在一个垂直面上，这就是常说的“疙瘩奔线”。因此毛石墙的挂线是虚线，实际墙厚比挂线宽度小 10mm 左右，也因为砌毛石时，虽然已经稳固好，但是在上层毛石压力和砌筑时石块的碰撞和振动下，都会使砂浆层受到压缩，使原来已砌好的毛石墙产生位移，如果是跟线很近，容易使砌好的毛石拱线。毛石砌筑除了基础、楼层、窗台等处平口时，需要挂平线砌筑外，墙面部位的砌筑均“疙瘩奔线”冒线砌筑。

四、雨天倒墙

雨期发生毛石墙的倒塌有两种情况：一种是已砌好的毛石墙突然遇雨，来不及遮雨，雨水冲刷灰缝中的砂浆，使石块架空，石块的稳定靠砂浆挤实垫铺，灰缝中砂浆被雨水冲掉了，石块就失去了稳定，会引起墙身的变形而倒塌；另一种情况是雨季砌毛石墙，石头是湿的，砂浆的水灰比大了些，个别石块砌筑时填得不够稳，石块很容易沿灰缝产生水平方向滑动，由于石块过湿，减弱了摩擦阻力，在上层毛石的压力下，石块沿斜面滑动，产生变形，严重时也会使墙体倒塌。

防止“雨天倒墙”有以下几种措施。

(1) 雨期砌石时，每天下班前必须把甩槎填心部位仔细填严找平，防止在操作面上积水或使雨水沿灰缝流入墙内，下班后要遮盖好，防止雨水直接冲刷灰缝。

(2) 严格控制砂浆的水灰比，石块太湿就不能砌，挑选稍干些的石块砌筑，砌筑时应多加垫片石，保证做到“稳、实、满、严”。也就是“石块要放稳，平缝要垫实，碰头缝要满，填心要填严”。

(3) 砌基础应随砌随回填土，砌到 50～80cm 高时，就立即回填，这样既可以保护基槽不受雨水浸泡，又能使基础墙身稳固。在回填土夯实时，要注意振动的影响，因为刚砌好的毛石墙体是经不起强烈振动的。

(4) 雨期砌石时，不要把工作面拉得太大，工作面大，防雨设施就得多用，很不经济，一旦遇特大暴雨，措施跟不上就会出现更多的倒墙情况。

27　砖砌体结构强度与《砌体工程现场检测技术标准》的应用

砌体强度是20世纪50年代我国沿用苏联砖石规范的专用名词，半个多世纪以来，随着我国建筑科学技术的发展，建筑专业各个领域理论研究都取得相应的成就。受砌砖手工作业特殊性影响，理论研究滞后于其他专业，现行规范的一些规定，如砌体强度、砖与砂浆强度测试规定，仍保留有苏制规范模式。对于砖结构规范理论计算及施工规范以砖砌体材料强度为依据的砌体强度，能否代表砖结构建筑的整体质量，《砌体工程现场检测技术标准》GB/T 50315—2011的11种不同测试方法测得数据的可信度，如何确立传统砌砖技术质量正确评估等问题，笔者提出以下几点看法和建议。

一、砌体强度不等于砖的强度等级加砂浆强度

规范规定用砖的强度等级和砂浆试件强度作砌体强度设计计算指标，这些规定在我国工程建设中实施长达半个多世纪。实施情况如何，从一些工程技术档案中查阅到，砖和砂浆强度试验报告无不合格记录，砖的质量由生产厂家直接控制，质量比较稳定，强度等级稳定在MU10，而砂浆现场生产，试件取样具有随意性，据一位试验工直言："我哪敢做出不合格试件。"这说明砂浆强度等级的确定在方法上存在缺陷，低强度等级砂浆可以做出高强度等级试件。首先，砂浆试件从精心制作到标准养护，而墙体中的砂浆强度是在缺失水分环境中增长，两者难以相提并论，砂浆试件不能代表砌体灰缝中的砂浆。其次，砂浆强度具有离散性，同一盘50kg水泥拌制的M2.5水泥混合砂浆，在灰池中摊平划分成20格子，每格取试件一组，经标准养护28天抗压强度，离散系数C_v=0.182。同一盘砂浆取试一组试件的子样，为总体的1/800～1/1100，用如此微小子样代表规范规定墙体砌筑总量，测定数据失真是必然的；再次，砂浆设计强度等级以试件强度28d为准，砌墙开始时砂浆没有强度，随着砌筑高度的增高，墙体开始承受自重和楼层及施工荷载，28d的砂浆强度没有发挥作用。

20世纪80年代，某铁路站自建职工宿舍在还没有解决施工供水的情况下，为解决住房急需，施工队采取干砌砖墙，用干拌砂浆砌墙，待发现时，工程已完工，按当时情况，拆除已不可能。考虑到单层平房结构承载力不大，地基条件还算良好，经研究，采取先浇水润湿墙体，开始养护灰缝中砂浆以建立强度，再以1∶2水泥砂浆对砖墙双面勾缝，缝深3～5cm，封闭灰缝砂浆，内墙抹灰改用1∶3水泥砂浆打底纸筋石灰罩面。该工程投入使用多年，没有发现墙体变形或裂

缝现象。

上述说明，砌体抗压强度与砂浆强度等级无直接关系，同样，从历史砖塔建筑，砖砌工业烟囱、桥梁砖墩、拱券砖结构建筑来看，有的建于无水泥时代，都能感受到砖砌体抗压强度远超出设计规范的标准。

二、砖砌体强度抗压与抗剪关系

砖结构设计计算由抗压强度值推定抗剪强度，实际上两者不存在必然联系，抗剪主要依靠砖与砂浆的粘结力，与砌筑方法、施工工艺密切相关。抗剪强度与砂浆强度等级关系不明显，相反砂浆强度等级越高抗剪强度反而降低。从遭受地震破坏的“×”形墙体裂缝可以观察到，低强度等级砂浆与砖粘结牢固，裂缝顺“×”形斜线砖与砂浆同体折裂，高强度等级砂浆所砌墙体，裂缝沿灰缝阶梯状开裂，呈脆性破坏。砖结构建筑抗震性能除了结构构造的合理性，很大程度依赖于砖砌体的抗剪强度。

抗剪强度尚无具体的检测方法，施工规范对砖砌体水平灰缝砂浆饱满度的规定，起初是考虑为确保抗压强度服务，忽略了竖缝饱满度的作用。通过对砖砌体抗剪强度试验表明，砂浆饱满度对砌体抗剪强度作用远大于抗压强度，以竖缝砂浆饱满度对抗剪强度影响尤为严重。干缝或砂浆不饱满抗剪强度损失40％～50％，而这恰恰是砌砖操作中普遍存在的质量通病。

因此理想的砖砌体应该是砖在砌体中完全被砂浆所包裹，砌砖操作应该是把砖块用砂浆粘结成一个墙体的作业，这些历代先辈工匠做到了，保存至今的历史建筑作出了见证。

三、含石灰质砂浆在改善砖结构受力性能，确保建筑物安全度起到的作用

砖结构建筑类似砌体强度试件单纯受压情况，除了独立砖柱外，在墙体其他部位不常见。墙体在施工过程中，要承受不同性质的荷载，诸如施工洞口、脚手眼随意留设，设备管线的预留、预埋、开槽、凿孔，突如其来的堆物超载和先建楼层大偏心荷载等，有些墙体截面遭到严重削弱、荷载加大的情况，是设计始料未及的。墙体通过砖缝搭接、相互咬槎啮合进行荷载传递和转移。如砖砌房屋建筑结构设计计算理论假设，横墙为承重墙，承受楼层、屋盖荷载，纵墙为非承重墙，承受墙体自重。其实不然，横墙通过纵横墙之间的接槎（构造柱），将部分荷载传给纵墙，组成盒子结构的空间共同承载，加强了房屋建筑的整体性。

上述墙体不同性质的承载过程，是在砂浆强度缓慢增长前完成，墙体的承载依赖于砂浆中砂子骨料与未凝结的胶凝材料（石灰膏）的润滑作用，与砖的粗糙表面形成摩擦阻力和吸附作用形成临时强度，对不同受力作用，砖与砂浆刚柔相济，灰缝中的砂浆作柔性调整，含石灰质材料的砂浆（水泥石灰砂浆），强度增

长不应以28d为限，石灰是气硬性材料，与大气中二氧化碳结合钙化建立强度，时间是漫长的，后期强度不仅提高了砖结构安全储备，在抵御建筑物不均匀沉降、改善抗震性能方面，是高强度等级水泥砂浆所不能替代的。从无水泥时代建造的砖结构建筑，在经受大自然的风化、碱蚀、地震、水患、地基不均匀下沉以及战火的侵袭，饱受沧桑仍屹立在大地上，其中石灰材料的作用功不可没。

四、《砌体工程现场检测技术标准》的应用

《砌体工程现场检测技术标准》GB/T 50315—2011（以下简称检测技术标准），对砖砌体质量检测方法共有11种，检测砌体强度3种，抗剪强度2种，砂浆强度6种。

2008年上海一处旧房改造工程，在对1号楼砖混结构砖砌体强度鉴定时，采用贯入法测定砂浆强度，原设计砂浆强度等级为M2.5，测定结果平均强度2.74MPa。按现行规范规定砖砌体砂浆强度不得低于M5，由此经设计计算该工程砌体强度不合格，设计提出对1号楼墙体进行双面钢筋网片水泥砂浆抹面加固，全楼加固墙体达80%，由此引起争议。

当见到检测鉴定报告砂浆强度为2.74MPa，笔者第一反应是这不可能。20世纪60年代曾做过砂浆强度调研和测试工作，25号水泥混合砂浆90d后期强度增长120%～130%，1号楼砖混结构招待所，建于20世纪七八十年代，距今30～40年，砂浆中石灰成分早已钙化建立强度。《砌体工程现场检测技术标准》有11种检测方法，不妨另选筒压法测定砂浆强度，与贯入法比对，选定上海、天津两家试验单位，分别现场随机取样，两家测试结果都接近7.5MPa，孰是孰非难以取舍，为更准确取得砌体实际强度值，对墙体采用轴压法，对全楼各层随机确定9组测点，测试结果9组均超过强度设计值，对这些测试数据的取得，可以说是在意料之中，也说服了设计单位，免于对墙体的加固。

笔者从事传统建筑技术质量控制研究多年，对砌砖工程质量上的认知，通过工程实践也是逐渐形成的，清晰地感受到现行的规范、质量标准存在着误区。在20世纪60年代，对砌砖技术和施工工艺进行粗浅的调研和试验，片面追求“数据说话”，把未经充分施工实践的所谓理论根据，列入规范、国家标准，由此引起工程界设计、施工、教学上一系列误导。半个世纪后，偶遇接手旧房改造工程，重归砌体强度、砖与砂浆强度等级的老问题上的探讨，决意把传统的砌砖工程存在脱离实际的误导，进行理性的整合，特建议如下。

（1）取消7.07cm立方体砂浆试件强度质量检测标准，砂浆质量技术标准应以配合比准确、搅拌均匀、和易性良好为质量控制底线。

（2）砖与砂浆属离散性材料，由不同操作技术水平的工人砌筑的墙体质量上存在差异，是不能运用数理统计方法，由“数据说话”进行质量控制的，应以对工人操作技能的提升为切入点，回归传统施工工艺流程进行质量控制。

(3) 改革瓦工操作技术不良陋习，大力推行以“三一”砌砖法为前导，“二三八一”砌砖工艺为基础，对基层管理人员和工人开展培训，提高施工队伍综合素质。

(4) 设计工作不以提高材质强度（砖、砂浆强度等级），当作确保结构安全唯一的标准，要树立建筑结构构造合理性理念，充分考虑施工可操作性。

(5) 提倡尊重传统、尊重科学，运用现代科学原理同传统技术相结合，为实现传统作业标准化作出贡献。

28　古塔木垅基础历史探秘

一、古塔木垅基础的发现

宁波市天封古塔建于公元695～696年间，是一座平面呈六角形的砖塔，塔高41m，共14层，其中上7层为明、下7层为暗，体态玲珑精致。天封古塔经历年兵火之灾，曾屡毁屡建，至1984年古塔经历多次地震，特别是东南沿海强台风暴雨的袭击，使塔体砖缝灰浆被冲刷，塔壁开裂严重，墙体变形外鼓，且有倒塌危险，为此宁波市政府决定对古塔进行落架大修。

经对古塔重建设计图纸会审，设计方根据地勘报告决定废弃原塔基，采用桩基，理由是地勘报告显示塔下无基础，按规范规定，古塔属于高层建筑，软土地基桩基是首选。由此引发争议，有人认为天封古塔历经千年沧桑，在塔身约2200t重压下，塔身屹立不倒，足以证明塔基稳固可靠，新设计是对天封古塔原样照搬，且在塔身砖砌体构造上做合理调整，减轻塔自重，更有利于塔基安全使用，这是客观存在的事实，是可行的。这些分析难以被设计方所接受，规范强调“数据说话”的门槛更难逾越。

为了揭开“塔下无基础”之谜，市政府决定对天封古塔基础进行挖掘剖解。按照考古发掘要求逐层下挖，才发现塔基是用两层巨木排列组合成“木垅”，横卧在软土层上，巨木夹层夯实黏土、碎石，平面布木桩62根（0.8～2.4m，长短不一），透过排列巨木缝隙打入地基，“木垅”上部覆土1.4m厚，其间铺设条石、水缸、毛石等，上至塔基大放脚，20cm厚条石墁地。此基础被称为“木垅”基础，这在我国营造史上尚属首次发现。

木垅基础平面与塔身上下对齐为六角形，地质钻探难以探明塔基情况，故出现塔下无基础的错误结论。

二、古塔木垅的构造

木垅的排放：底层为放射形（图28-1），巨木直径在60cm左右，这些木材是宫殿建筑拆卸的柱和房梁，规格不一，木构上留有榫卯孔洞旧痕；放射木上铺30cm厚填土；上层木垅顺六边形平行排放（图28-2），木材多为原木，直径50cm左右，转角处上下搭接相压，上铺碎石找平嵌填木垅缝隙，62根木桩透过两层木垅缝隙插入地基。上下两层木垅错位排列，木桩穿插其间形成整

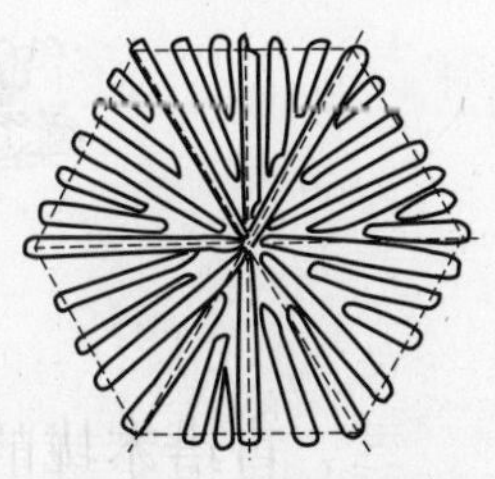

图28-1　底层放射木垅平面示意图

体（图 28-3）。

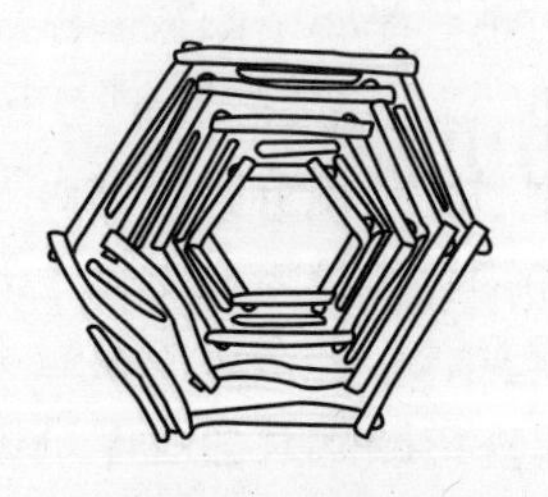

图 28-2　二层平行木垅平面示意图

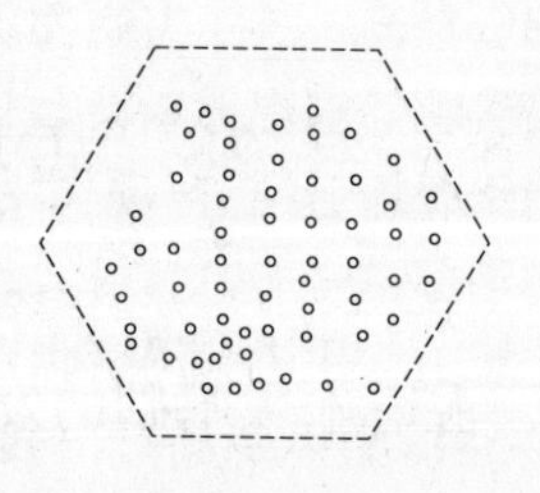

图 28-3　木桩平面布置示意图

1.4m 厚覆土层分两步施工，先行完成 75cm 分层夯实土层上，外圈被倒扣水缸所围，每边放置 5 只（缸内填有实土），水缸外侧堆毛石，内侧平铺 75cm×75cm、厚 20cm 石材 15 块，塔中央南北向安放 1m×3.7m、厚 20cm 条石一块，上放置 1.1m×1.1m×1.1m 立方体地宫石涵，涵内存放鎏金精致大殿模型等珍宝（图 28-4）。塔内地坪满铺 17cm 厚石板（图 28-5）。

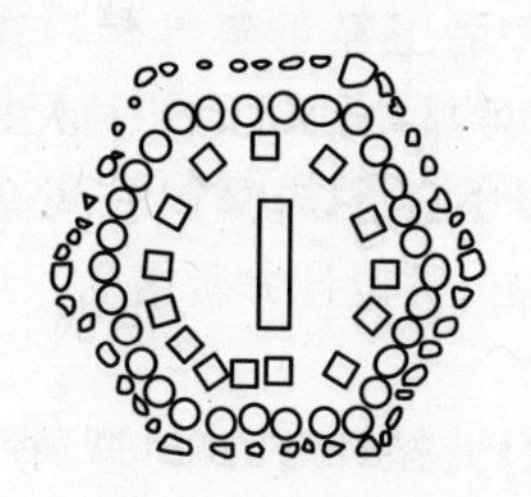

图 28-4　三合土层、大水缸、石块、护基石、塔心条石平面图

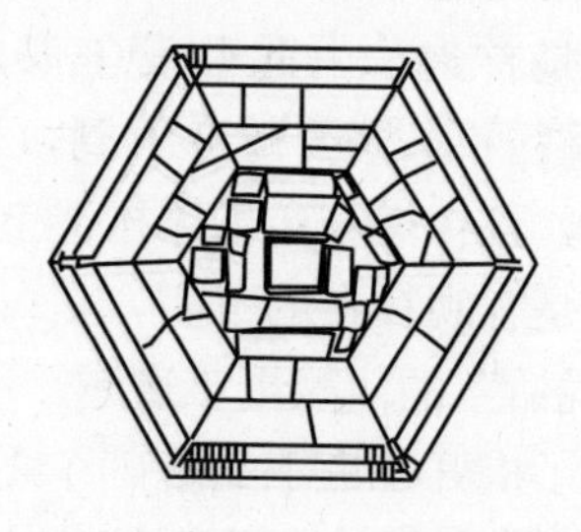

图 28-5　塔内石板条石基础平面图

值得一提的是，在塔体外围近 4m 范围内有 75cm 厚夯实土，外砌石挡土墙（图 28-6），它的作用将在后文中分析。

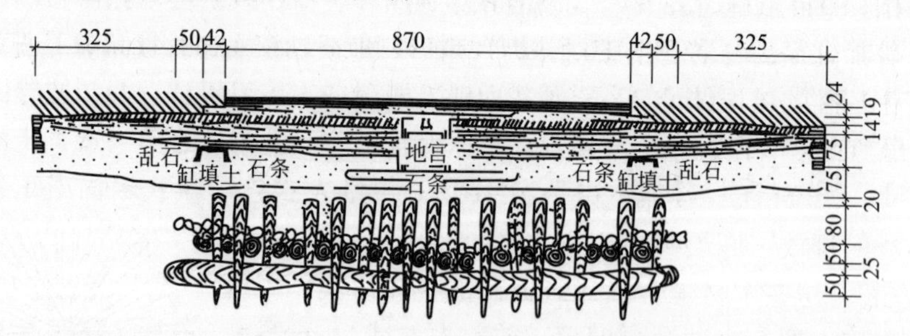

图 28-6　古塔木垅基础剖面示意图

三、古塔木垅的受力性能

根据勘探报告提供的资料，地基持力层在 20 余 m 处，靠东北向深 27.5m，

西南向深22.5m、高差5m，木垅基础深4.06m，承担塔体2200t的重量，平均为51.7t/m²（未包括木垅及填土重量），犹如船体悬浮在软弱土层上面。由此推理，地基在塔身建造时荷载不断增加，可对地基土层起分级堆载预压加固作用，地基下沉使地基土层产生压缩变形，增加了密实度，提高了强度，与地下水上浮力共同承担塔体的结构荷载，塔体建成后沉降近乎停止，经历千年压实，地基土质早已改性固结，古塔也就成了永铸大地共存的载体。

其次，木垅基础构造上的整体性，两层木垅之间穿插木桩，受力上既有分工又有合作，木垅横卧是“筏”，木桩既是摩擦桩，又是组合两层木垅间的连系杆件，黏土层碎石包裹着木垅每根木料形成牢固的整体，共同承担塔体上部荷载。

第三，木垅基础下1.4m厚填土层及石材铺设的堆载，可起调整改善木垅基础各构件初始受力状态，共同承担各种力的作用和可能产生的不均匀沉降。在塔体外围近4m范围内有75cm厚垫土，并有石砌挡土墙隔开，形成坚实硬壳地坪，对于古塔抵御地震、强台风水平力（抗倾覆），起到不可估量的作用。

第四，木垅基础埋深为4.06m，加上塔体“七明七暗”（底7层为厚实心墙体，不设明窗），降低了塔体重心，增强了稳定性。

上述诸多有利因素叠加，故古塔寿命延年千载也在情理之中了。

四、古塔木垅历史探秘

（一）巨木如何放置于基坑内

天封古塔木垅基础深4.06m，古代工匠怎样把直径50～60cm的巨木放置在基坑内呢？

首先，塔基选址在低洼地形或干涸河床，地下水位低于4m以下，地基表层具备承载人力运物的能力；其二，木垅巨木就近取材，从拆卸大殿梁、柱木料到运至塔基位置均靠人力牵引（估计不可能有运输车辆），应该有一条砂石填实平整的滑移道路。为减小巨木移动时的摩擦阻力，用黄泥浆作润滑剂，运至目的地，巨木按塔基六角形顺序摆放就位，再用碎石泥土填实巨木间隙并表面找平。同时扩大塔基周边填土范围，继续为上层木垅基础施工创造良好的作业条件。

（二）木桩如何打入地基土层

61根长短不一的木桩如何准确地穿入两层木垅交错的空隙中，打入地基土层呢？

木垅巨木间隙大，尽管上下木垅交错安放，用铁钎探测还是容易找到上下木垅间的空隙位置，即木桩桩位，61根木桩是“见缝插针”，无须准确桩位，布桩大致均分就可以了，只要铁钎通过，木桩顺钎打入。木桩联结上下木垅，增强了基础的整体性，也起到摩擦桩的承载作用。

（三）水缸在施工中的作用

碎石垫层可改善地基均匀性，调节木垅基础不规则受力状态，促使古塔建造时地基均匀下沉。水缸安放位置正好是古塔墙体六角形周边，能起到木垅基础与古塔墙体轴线控制桩的作用，水缸又是回填土塔芯与外围的分界，内填优质土、外填杂土，内外有别。

（四）塔体周边夯实覆土的历史形成

先民工匠未必能想到千年后塔体周边 3.25m 夯实覆土对塔基稳定性的保护作用。从实用观点分析，古塔建成后周边场地平整，是使用功能的需要；而经历千年之后，古塔周边土层板结成自然硬壳表层，封闭了塔下软土地基和地下水对塔基的影响，软弱土层受三向力的作用，足以抵御塔体自重荷载，阻止了沉降，而且提高了古塔抗倾覆能力，保证了古塔历经千年仍巍然屹立在大地上。

29 建筑物的抗震性能

房屋建筑整体坚固性的主要特征是抗震性能，笔者参加震害普查和京、津、唐抗震复建工程建设时，对不同建筑结构震害破坏规律有了感性认识，也积累了工程修复实践经验，现将关于旧房改造和历史建筑保护的心得体会总结如下。

一、建筑物震害破坏特征

地震本身并不可怕，而震害主要体现在人们的生命财产毁于抗震性能差的房屋建筑内。因此，房屋建筑的基本功能，不仅仅是遮风挡雨，更应是防震安全的庇护所，这是我们工程建设者的神圣职责之所在。

（1）地震对房屋建筑的破坏，有别于其他自然灾害（洪水、飓风、泥石流、海啸），非外力所致，地震发生时地壳运动上下颠簸、左右摇晃，由建筑自重产生的惯性力，导致建筑结构散架、失稳倒塌。

（2）建筑物抗震性能并不是完全受制于建筑材料、构件的强度，而是取决于合理的建筑构造、施工可操作性和建筑结构各部位受力的均衡性。

（3）地震对房屋的破坏始于结构薄弱部位，如女儿墙、围墙、悬挑构件、框架结构填充墙等。

二、不同建筑结构震害调查和破坏规律

（一）预制装配式工业厂房

对于预制装配式工业厂房，震害的严重部位是厂房围护墙体倒塌引发的次生灾害。围护墙多为砖砌单砖墙，檐墙基础是6m跨基础梁，安装在杯形柱基台阶上，墙体紧靠柱外侧，与柱预留拉结筋连接，檐墙门窗洞口上设有圈梁，檐墙出屋面有檐口或女儿墙，与屋面结构无连接。一般围护墙高至少有7m，在强烈地震作用下，拉结筋很容易被拔出（拉结筋在灰缝中锚固强度远不及混凝土），在地震摇晃中墙体猛烈拍击柱，严重时在柱吊车梁托支座变截面位置被击变形移位，直接影响到柱顶屋架支座的稳固。厂房山墙设有基础，山墙内有迎风柱，高大山墙随墙体砌筑附墙砖垛，山墙屋脊同厂房端跨屋面板、屋架上弦有联结，两端墙角与檐墙及有包角砖垛，稳定性良好，少有震害事故发生。

厂房屋面结构预制钢筋混凝土桁架、屋面板和桁架之间设有水平、竖向支撑和对应部位的柱间剪刀撑，形成空间结构受力体系，有效抵御地震水平力的作用。曾经发生过这样一起事故：厂房边跨一根柱，受到意外强力冲击被折断，柱顶屋架支座脱开架空，但屋面结构没有随之坠落，屋架反被屋面板焊接点和屋面

支撑体系吊住，悬在半空中，由此可见，支撑体系在保证结构空间稳固性方面的重要性。

（二）砖木、砖混结构

我国各地区所建各类房屋，各种建筑构造形式，除了外墙厚度上有差别外（墙厚受南北方气温影响保温需要），房屋单元开间、进深和层高极其统一，结构计算的竖向荷载分配，内横墙、山墙承受楼面及屋面荷载，定义为承重墙，外檐墙为非承重墙。内纵墙有两种情况：住宅有一道内纵墙时，不承受楼层荷载为非承重墙，学校、办公楼中间过道分隔有两道内纵墙，承受过道楼面荷载，内横墙构造上安装预制楼板，墙体在楼层部位被分割，如果是木地板、木格栅局部压墙，内横墙能整体砌筑，山墙受预制楼板压墙 12cm，墙厚有 1/2～1/3 是整体砌筑，外檐墙构造上是整体砌筑，檐墙各楼层门窗洞口上设圈梁兼过梁。

房间的分隔是由纵横墙组合成若干连排的盒子结构，内横墙通过与纵墙的联结相互传递荷载，增强建筑物整体刚度，能起到调节建筑物不均匀沉降作用，也有利于抗震。由于施工操作工艺上限制，纵横墙砌筑不能同步，纵横墙之间以留接槎方式连接，接槎砌筑质量成了影响房屋建筑整体性薄弱环节。建于 20 世纪 50 年代的某新村连排平房在唐山大地震时外檐墙整体向外倾倒。所以规范规定：砌墙留槎必须留置退槎（踏步槎），留置直槎时必须加设钢筋拉结条。

多层砖结构房屋震害的规律是先由山墙外倾，预制楼板被拔出坠落，砸向下层楼面，造成各层楼板被砸次生灾害，坠落预制板叠合交错堆在一起，给救灾工作带来巨大的困难。

（三）高层建筑

1976 年唐山大地震之后，国家组织各有关部门对京、津、唐三市的砖结构、框架剪力墙不同结构类型的高层建筑进行震害调查，共计 35 栋。

调查结论是：框架剪力墙高层建筑的抗震性能优于砖结构和框架结构高层建筑。

调查砖结构两栋高层建筑，震害均较严重。天津市 13 层海河饭店和 12 层渤海大楼为框架结构填充墙、桩基，现浇钢筋混凝土楼板，地震烈度为 8 度，调查结果为主体结构质量完好，部分填充墙出现裂缝。对比高层建筑震害和框架结构填充墙裂缝，高层建筑顶层虽受地震末端效应影响，墙角外移形成墙体裂缝，但除唐山某招待所整体倒塌外，其他高层建筑虽受震害，结构质量基本完好，经局部修复加固，仍能安全使用。

30　房屋建筑的整体坚固性

一、建筑物基础埋深和重心

在震害调查中，人们能看到地上建筑结构的震害情况，却容易忽视基础埋深、构造形式对建筑物抗震性能的影响。基础埋深设计是根据地勘报告中持力层的标高确定的，在北方还要考虑冰冻线影响。传统的灰土基础历史悠久，北京古城、民居四合院以及 20 世纪五六十年代所建的多层砖砌房屋大多用灰土基础。灰土在基槽中经过夯实，起到对地基土层的加固作用，减小建筑物的沉降量，密实的灰土层阻隔地下水（含盐碱）对砖基础及砖墙的侵蚀；灰土基础大放脚刚柔相济，整体刚度优于钢筋混凝土条基。从震害调查清理基础时发现，钢筋混凝土条基随地上建筑断裂，而灰土基础大放脚能同上层墙体保持整体完好。

降低建筑物重心对于改善建筑物抗震性能也是至关重要的，在建 4 或 5 层砖砌房屋时，大放脚用砖量相当于首层用砖量的 1.5～2.0 倍，起到了降低建筑物重心的作用。在高层、超高层建筑设计时，多层地下室、桩基、超厚底板混凝土浇筑都体现了降低建筑物重心的作用。

二、建筑物的厚墙、重盖和空间刚度

减轻建筑自重作为一种改革是可行的，但应有度。大多数历史建筑都以厚墙、重盖（大屋顶）存留至今，以建筑自重平衡抵御竖向地震力，唐山铁路车站震后保存完好的一座水塔就是最好的例证（《建筑工人》2011 年第 5 期《历史建筑抗震性能探秘》）。

砖混结构墙体除承担建筑物自重外，还要抵御自然界各种外力（地震），砖结构建筑能存留持久，除了黏土砖材质的耐久性，还应归功于优良的砌筑质量和合理的构造。砖建筑的盒子结构、连排坡顶房屋的硬山架檩、内纵墙砌至屋脊高度、纵横墙呈鱼骨状分布，都可均衡地震力的分配。外砌附墙垛以求得大跨度坡顶山墙的稳定，如果有内纵墙，以阶梯形向上砌至屋脊高度，这些构造措施，既有考虑墙体稳定性的需要，也有为改善抗震设防的作用。

坡顶屋盖木屋架以往多用原木制作，包括檩条，原木材料强度得到充分利用。木屋架之间的剪刀撑、下弦水平拉杆增强了屋架整体刚度，木屋架上下弦、腹杆节点采用榫卯连接，能吸收地震力。

古建筑大屋顶重量大，刚度也大，大屋顶的重量使地震引起的惯性力增大，不利于抗震，大屋顶较大的屋面刚度则有利于抗震，协调好二者之间的关系，既减轻屋面自重，又能增强屋面结构的刚度，这也是抗震设计应遵循的一个原则。

从基础、墙体、屋盖三者各自独立到空间受力体系相结合，是确保房屋建筑整体坚固性的根本。

三、砖结构建筑整体质量均一性

在经受强烈地震作用时，要求建筑结构整体质量均一，可均衡承担地震力的作用，使整个结构共同工作。如果结构构造局部有变化，出现薄弱部位，会先遭受破坏。

唐山开滦煤矿二招就是例证：在同一栋楼的楼板分为预制和现浇，在地震作用时，建筑物相对变形发生差异，由局部破坏导致整体倒塌。据当地居民反映，煤矿二招大楼的倒塌不是一次完成的，地震发生当天傍晚的 7 级余震才造成大楼整体坍塌，这说明砖结构建筑自身具有一定的抗震能力。唐山建筑业在当时拥有众多瓦工技术能手，砌筑技术和质量在河北省境内堪称一流，当地烧制的砖瓦质量也是优良的，“二招”大楼的施工质量是可信赖的，大楼震害的原因不排除结构构造上的因素，与建筑材质强度不存在必然联系，由此可推断对局部损坏采用过强加固或提高材质强度的做法是不妥的。

四、高层建筑末端效应

在震害调查中，天津有一处砖砌烟囱，高约 30m，顶端有约 1m 左右长的囱帽，受震折断横卧在烟囱断裂口上，这一奇观说明地震时烟囱摆动幅度之大，能接住断裂囱顶。在高层建筑中顶层女儿墙倾倒，墙角出现裂缝，阳台、挑檐、悬臂梁折裂等（图 30-1～图 30-3），均为地震惯性力“甩”的结果，这给设计在建筑构造上提出有益的警示。

图 30-1　屋檐下墙角震害

图 30-2　某大楼顶层山墙震害

图 30-3　某塔楼屋顶被震歪斜

在高层建筑屋顶上做繁琐装饰，将楼台亭阁搬上屋顶，高耸入云的广告牌塔，还有无功能性的标志、奇特装饰堆载于上，这无疑是地震灾害的一大隐患。

五、框架结构填充墙

填充墙为非承重墙体，外墙遮风挡雨，内墙分隔房间，为减轻建筑自重尽量使用轻质墙体材料，如大空心砖、泡沫混凝土砌块。填充墙与框架梁柱以柱预留拉结筋、梁底立砖斜砌嵌固方法连接。地震发生时填充墙极容易出现裂缝被震倒，实际上填充墙已经充当了剪力墙的作用。据高层建筑震害调查，天津市建于20世纪20年代的框架结构高层建筑，在唐山大地震时经受住了地震考验，大部分填充墙完好如初，仅有局部微裂和墙面抹灰层脱落。据老一辈工匠介绍，当年砌砖采用灌浆法，每皮砖横竖灰缝都要灌满砂浆，把砖块粘结成一道整体墙，监工旁站严格监督，不得有丝毫差错，工程质量严于管理，精良的操作工艺流程，都保证了砖砌体的抗压、抗剪强度，填充砖墙演变为剪力墙也就不足为奇。

六、框架结构角柱的破坏

框架结构在遇地震被破坏时，角柱先于内柱，图30-4为地震中角柱、中柱震害情况。角柱在受地震力作用时，受扭转和双向偏心应力，梁柱节点应力复杂，结构设计梁柱配筋采取一系列加强措施，除了结构受力主筋、构造配筋、锚固筋加长、梁柱箍筋加密等做法，层层叠加粗大的钢筋，成束塞进梁柱节点，忽视了施工可操作性，受力主筋的位置、钢筋间距（2.5cm）得不到保证，不能实现混凝土包裹钢筋共同工作的基本要求。密筋封闭导致混凝土骨料石子不能均布，不能保证混凝土强度的匀质性，是试件强度所不能代表的隐性质量问题。因此结构构造的合理性要首先考虑施工的可操作性，这是当今规范编制和设计人员首先要考虑的问题。

七、预制混凝土多孔楼板应用失当

在砖木结构建设时，楼层的木地板木格栅，内外砖墙尚能整体砌筑，木格栅嵌固在墙体内。后期改用预制多孔板，多孔板压墙将内墙分割，无疑是对墙体整体性的削弱，地震发生时墙体外倾、移位，预制板拔出坠落，造成严重的次生灾害。

对于预制楼板的应用，原设计是板与板之间留出8～10cm宽现浇混凝土小肋，1ϕ12配筋。板面4cm后浇层，间距200mm配筋，配筋四周压墙12cm。施工需要支设小肋模板，绑扎小肋和板面后浇层分布筋，然后浇筑混凝土和养护，需要相应工期。由于赶工期、抢进度，改为楼板密排，板缝也就1～2cm，灌浆扫缝了事，板面改为水泥砂浆抹面，破坏了楼面整体性，由此造成的震害在唐山、汶川大地震中随处可见。

在旧房改造和农村自建房屋中，预制多孔板的使用依旧存在，因此在抗震加固和使用中应予以重视和采取必要的措施。

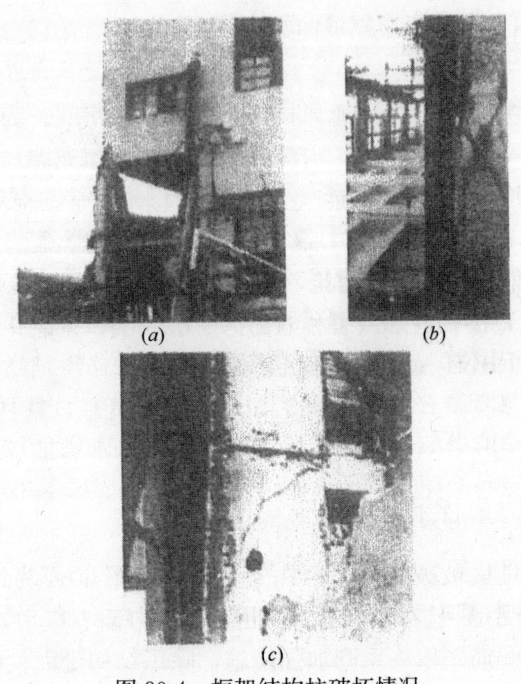

图 30-4　框架结构柱破坏情况

（*a*）角柱错位断裂；（*b*）中柱交叉裂缝；（*c*）角柱斜裂缝

八、构造柱和圈梁

构造柱、圈梁、夹板墙和钢拉杆是抗震加固四大法宝，其中应用最广的是前两种。夹板墙是指用钢筋网片、水泥砂浆抹面对墙体加固的方法，施工操作时要在墙上钻孔，用穿墙拉结筋固定墙体两面的钢筋网片，网片的竖筋要穿透楼层上下贯通，间距 500mm，埋入地面±0.000 以下 50cm，加固时对原砖墙有所损伤，操作相当复杂，在实际工程加固中很少应用。钢拉杆是一种非主动受力功能的加固方法，至于在地震发生时能起多大作用，尚无总结记载。

构造柱主要是加强纵横向留接槎的连接，圈梁是建筑物的“箍”，二者相辅相成，增强建筑物的整体坚固性，改善砖结构建筑的抗震性能。如果构造柱施工质量得不到保证，则会起反作用。从汶川大地震的视频报道中看到，有一根构造柱的钢筋骨架光秃秃地竖在那里，不见有横向拉结筋，混凝土砂浆与构造柱主筋没有一点粘连，失去了构造柱应有的作用，这显然是施工质量问题。笔者认为构造柱的功能主要依赖于构造柱混凝土与砖槎的粘结强度，其次才是横向拉结筋的作用，因此砌筑构造柱留槎砂浆要饱满，挤出的砂浆舌头灰要及时刮净，掉落槎口内的碎砖余浆要及时清理，浇筑混凝土前须浇水润湿，混凝土配合比和浇筑质量要求应同主体结构隐蔽工程管理同等重视，操作工艺虽然简单，哪一点疏忽没做到，构造柱就会失去应有的功能，反倒成了工程质量隐患。

31 旧房改造要素分析

在城市改造建设中，还存留有大量年久失修和有使用价值的旧房，如上海石库门、北京的四合院以及1949年以后所建的住宅、工房、学校、办公楼，大多是砖木、砖混结构房屋，至今房龄超过60年，都已进入“老年期”。因此，旧房改造量大面广、任务繁重，结构鉴定、合理加固和改善使用功能等工作需要我们认真对待。

一、旧房加固改造要素

（1）旧房改造首先要查明工程隐患，包括受自然灾害后遗留下来的、人为不合理使用和建筑构造上的缺陷。

（2）通过结构鉴定，确定加固方案，同时也要考虑改善旧房使用功能，以及业主对旧房提出改变使用性质的要求。

（3）对工程质量隐患的检查，必须是全面全方位的检测，搜集旧房建筑原始档案资料，包括当时的施工条件和管理方面的情况，提供给设计单位以便确定加固方案。

二、旧房改造结构鉴定遇到问题分析

结构鉴定在执行现行规范时遇到的问题是与旧房建造时旧规范之间的碰撞，现行规范较大幅度提高材质强度，包括砖混结构混凝土，砂浆强度等级、钢筋混凝土含筋率等。在检测方法上更多地使用仪器工具，强调数据说话。就砖砌体抗压、抗剪、砂浆强度测试方法多达11种，使原本传统的以手工作业为主的砌砖、混凝土施工工艺检测内容趋于复杂化。如某砖混结构旧房改造结构鉴定就遇到了两大难题。

（1）现行规范规定的砌筑砂浆强度等级不得低于M5，而旧房建造时期砌筑砂浆多为M2.5及M2.5以下，用回弹仪测定砂浆强度等级低于现行规范规定，经抗震验算砌体强度不合格需要加固，设计提出用钢筋网片水泥砂浆抹面加固砖墙的建议。后改用筒压法测定砂浆强度高出M2.5二级（M7.5），孰是孰非，加固与否举棋难定，干脆直接测定砌体强度，用中心轴压法测定，结果9组试件全部合格，致使墙体免于加固达成共识。

（2）3.6m多跨连续钢筋混凝土现浇楼板，结构鉴定抗震验算后认为需要加固处理，设计提出粘贴碳纤维加固方案（图31-1），不仅在楼板底贴，屋面掀开保温层防水层，在楼板表面支座负弯矩区也要贴碳纤维。用如此昂贵的材料，加固费用超出建筑物自身成本，难说能取得预期效果。一次违章施工意外给楼板结构做了鉴定（图 31-2）。工人在拆除填充砖墙时，堆积在楼板上的碎砖砂浆混凝土块没有及时清理，堆高达到 0.8～1.0m，超过 3～4 倍设计荷载，待发现时已过去好几天。“这不是对 3.6m 跨现浇楼板的静载试验吗?”责令立即清除，对楼板进行全面检测，竟然发现楼板安然无恙，最终决定取消对楼板的加固建议。

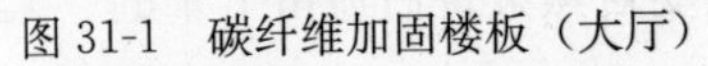
图 31-1　碳纤维加固楼板（大厅）

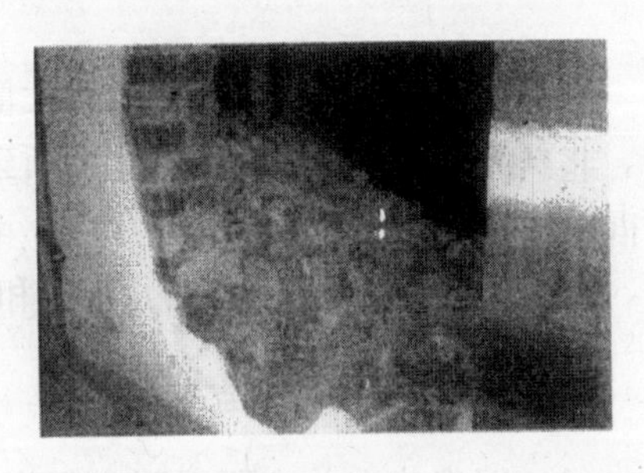

图 31-2　楼板上堆积拆墙砖砂浆残料

上述这种做法是不得已而为之，用规范条文之间的矛盾解决工程技术上的争议，也说明我们规范编制工作存在着理论脱离实际的情况，在工程加固工作中要尊重旧房存在的事实，有些旧房的工程质量之优，是值得当今建设者永远学习的范例，旧房改造应着力于在过程中发现问题，提出切实可行的解决办法，这才是真正意义上的工程加固。

32　外墙抹灰及砖墙防潮层失效修缮

一、外墙抹灰

抹灰层的功能，混水墙外抹灰，一直被视为美化建筑外墙立面的装饰是主要功能，实质上抹灰层还起到保护外墙免遭风雨侵袭和增强墙体整体性的作用，在旧房改造时有的业主要求铲掉外抹灰，重新装修。由于有些墙面外抹灰基层与砖墙粘贴十分牢固，剥离时会伤及墙面（图 32-1），因此旧房改造对外抹灰以修补为主，除了清除空鼓裂缝部分，尽量保留粘结牢固的抹灰基层，对具有历史意义标志性建筑的外装饰，尽管外观有缺损，但更要精心保护，从而保留其历史痕迹。有些传统的外装饰，如水刷石、干粘石、水泥拉毛等，需要经过培训考核、技术精良的工匠操作。老房子抹灰层年久失修，尤其处在高层部位，要进行全面检查，彻底清除空鼓开裂的抹灰层，以消除安全隐患。

图 32-1　墙面损伤示意

二、砖墙防潮层失效修缮

砖墙防潮层失效的修缮。砖墙防潮层失效，地下水通过毛细管作用渗透墙面，室内墙面长期处于潮湿状态，影响居室生活环境，地下水中有害成分对砖墙起腐蚀作用，久而久之会影响结构安全。治理方法，切忌用水泥砂浆抹面，治标不治本，地下水还会顺墙壁继续爬升，水泥砂浆与被侵蚀疏松的墙砖粘结不牢，会出现空鼓裂缝。根治办法是拆除受潮墙砖，补做防潮层，首先要找到渗水源头，拆墙严禁锤击，受潮侵蚀墙砖拆除并不费力，每次拆墙洞口宽度为 1m 左右，洞口上呈三角形自然拱，作业面交错进行，做完防潮层补砌洞口时砖缝砂浆必须填塞严实。防潮层破坏一般出现在单层及层数不多的老旧房屋居多，楼层荷载不大时，可以不做临时支撑。

33　房屋加层及厨卫改造

一、房屋加层

房屋加层有两种情况：一是经设计结构验算符合要求，由正规施工单位建造；二是房主自行搭建，属于违章建筑。房屋建筑经若干年使用后，基础沉降稳定，由于建筑物自重产生的压力，会使地基土层地基承载能力会有所提高，增加了基础安全度的储备。房屋加层对结构的安全性是应该有保证的，加层为减轻自重，建造时多取用轻质墙体材料或空斗墙，结构加固应同旧房改造统一考虑。

房屋山墙两端大角设构造柱，由房屋底层至加层屋面，构造柱深入基础地圈梁下 0.5m，如果房屋中间有内纵墙，在内纵墙顶端山墙位置加设构造柱，加层墙体上下地面、屋面标高位置各设一道圈梁，旧房墙体视砌筑质量状况，可以每层或隔层设圈梁。檐墙构造柱按横墙轴线位置设置圈梁，多单元联排房屋，在单元隔墙位置设置双圈梁，紧贴预制楼板底部，圈梁穿过前檐墙、内纵墙至后檐墙，与前后檐墙的圈梁连接，混凝土浇筑由预制多孔板面钻孔注入，孔径 8～10cm，间距 60cm（钻孔不伤及多孔板小肋），加固后形似外框架梁柱结构，外观上与旧房浑然一体。

二、厨房、卫生间改造

上海石库门、北京四合院原本是独门独院，厨房、卫生间另建独立房间，上海旧式里弄石库门有灶间没有卫生间，每天清晨有粪车收集，北京名叫“嗑灰”。由于人口增多，厨房灶间几家合用，或被用作居住，煤球炉占用过道、晒台，凡屋内外空间均被占用。改用煤气灶之后，各家各自独立铺设管线，墙体、楼面剔槽凿孔，致使房屋结构不堪重负。另外，由于缺少维护保养，上下水管道渗漏，地基基础长期受水浸泡，房屋建筑产生局部沉降。上述情况也发生在 1949 年以后建造的筒子楼内。致使旧房改造项目一事一例，难有共性。加固和修缮涉及内容繁多，这就要求管理者掌握一些综合性专业知识，把工程加固同改善房屋使用功能结合起来，统筹安排。

34 名人故居隐性加固

名人故居是房屋主人特殊身份和文化底蕴深厚的象征。名人故居房屋设计和施工质量都很精良，使用建筑材料考究，所以能存留百年或更长时间，因此对其加固不可与一般建筑相提并论。加固目标主要是延长其寿命，解决老化问题；其次是由于原建筑结构遗留的缺陷和使用不当，以及后人在改变用途时变动建筑结构和自然灾害遗留的质量隐患的治理。因此对名人故居加固和修缮要格外精心，结构加固必须坚持保护好建筑原有风貌不变的原则，采取隐性加固。装饰修缮应修旧如旧、原汁原味。

名人故居的加固和修缮内容繁多，本文仅举结构隐性加固两例。

一、更换木柱

砖木结构房屋木构架梁柱为主要受力构件，墙体为非承重墙。房屋建造时木构架先行架立，墙体后砌，木柱直接立于柱础或砖基础上，木柱与基础、砖墙无可靠连接，受地震作用难以共同工作，是抗震薄弱环节。另因木材腐朽、虫害等原因形成了工程质量隐患。加固方法：用钢筋混凝土壁柱更换木柱，先设临时支撑支托楼层、屋顶荷载，拆卸木柱，在木柱靠墙两侧，用切割机具做成构造柱槎子式样，清除留槎部位抹灰砂浆残迹，支模绑筋浇筑混凝土，混凝土柱截面可与墙宽齐平或外凸，柱上下两头配筋与基础和加固圈梁连接。

二、建设附墙壁柱

故居厅堂空间宽阔高大，墙体的稳定性随建筑老化而减弱，增设附墙壁柱有墙体两侧面和单面增设两种；在墙体上沿墙高间距 80～100cm 用机械钻孔。孔径为 15～18cm。单面加柱钻孔深度不超过外装饰和清水墙面，保护外装饰不被破坏；双面加柱钻孔穿透墙体（支模拉结螺栓埋于孔内），孔内加锚固短筋，壁柱也可做成圆弧截面。附墙壁柱基础埋深同原墙基。

隐性圈梁加固做法同前面所讲，不再赘述。

故居结构构造加固应结合故居建筑具体特点，以仿真为主，尽量使用原结构同质材料，不宜做局部过度的加强处理，在加固方法上可以有多种选择，需要发挥管理人员和工人的智慧和创造力。

35 清水墙的保护

清水砖墙技术是以砖的组砌方式、拱券、挑檐、砖刻四种传统操作工艺组合而成的建筑艺术（图 35-1），其中以砖缝之精致为我国独有。以传统建筑砖的颜色红、灰为基调，红之温馨、灰之典雅，营造不同造型、风格的建筑，掩映在绿荫花丛自然环境中，给人以赏心悦目的感受。砖的色泽不受环境污染；是永恒不变的，砖红才是正宗的中国红，经雨水冲刷，在阳光折射下，又会呈现出一栋新楼，大雪纷飞时，又会有别样的感觉，总之清水砖墙以朴实无华的美感，使人们难以忘怀，可惜此类营造操作工艺随清水砖墙建筑日渐消失，能存留下来的更显珍贵。

图 35-1　清水砖墙实例

在旧房改造中，对清水砖墙存在一些不好的做法，望能引以为戒。

（1）用颜色涂料“美容”清水墙，用画笔描绘砖缝，且不说涂料与砖面粘结能否持久，这种做法使原来清晰整洁的墙面变得模糊，犹如舞台布景。

（2）用面砖覆盖清水墙。上海优秀建筑延安中路四明村、虹口海伦路名人街都是这样做的，这好比在给历史建筑戴假面具，不可思议。

（3）在各种墙体基面上通贴面砖是当今的时尚装饰，这种做法不考虑建筑结构的具体部位，方式混乱，清水砖墙组砌缝式有严谨的规则，要依据建筑结构部位不同，采用不同缝式。

（4）在清水墙面上抹水泥砂浆涂红粉，划缝做假清水墙。

（5）用酸洗清水砖墙面上的“老年斑”，名曰恢复建筑青春，这相当于当今“美容增白”，是在破坏墙面的“颜容”。

清水砖墙建筑故旧沧桑、砖面变旧以及斑痕缺损正是建筑珍贵的历史遗痕，是城市记忆的标志，作为旧房改造管理者要了解历史，尊重先辈工匠的劳动成果，保护建筑原有历史风貌，是大家共同的责任和义务。

36　半个砖拱的启迪

1990年春，笔者应邀赴四川成都开展“2381”科学砌砖法讲学，无意中看到一处正在拆除民居过街楼的砖拱，不知何故，砖拱拆除一半就停歇下来，留下一半，这是一件十分危险的举动，人们在拱下面来回走动，半个砖拱居然巍然屹立，当时我就拍下这张照片（图36-1）。

显然，拆房民工缺少砖结构知识，才会做出这样冒险的举动。另一方面，也不得不赞扬当年能工巧匠高超的砌筑技艺和优良的质量。

图36-1　拆剩的半个砖拱

半个砖拱给多年从事砌砖技术研究的我，带来深思和启迪。砖结构建筑在我国相传有2000多年，历代遗留的大量砖、石建筑经历人为和自然灾害的破坏，至今大多能保存完好，这与建筑构造、错缝搭接、砌筑质量密切有关。在没有水泥的时代，砖结构大多灌浆砌筑，在砖缝内灌注石灰和糯米熬制的浆液，使墙体内砖块横竖灰缝内充满浆液，粘结成一个整体。砖拱去掉一半成为砖砌挑檐，其受力性质与砖拱截然相反，由承受压力转化为受拉、受剪，那么，半个砖拱究竟能承受多大的荷载呢？为探求其奥秘，再现当年古建筑的砌筑工艺，设计了一种倒三角形砌体，由单砖作底逐层外挑上砌，砌筑时不挂线、不用尺，完全靠眼估目测，左一块砖右一块砖对称砌筑（稍有偏重即会倾倒）。采用“2381”砌筑工艺“挤揉”手法砌筑，用1∶3白灰砂浆做到砖砌体横竖灰缝砂浆饱满（近乎100%饱满度），砌至上宽3.3m时停歇下来，在上面进行加载试验，压砖200块（即500kg），加上倒三角砌体自重，单砖承受1.5t压力仍能保持不倒不裂，让砖结构的受力潜能达到充分的发挥。倒三角形砌体由全国青工技术大赛十佳技术能手赖彪操作，（图36-2），也使“2381”砌筑技能、技巧、传统的砌砖技术达到淋漓尽致的表现。我们曾在北京、西安、成都等地进行观摩表演，参观者都表示惊叹不已。由于倒三角形砌体挑檐1.55m，其宽度超过西安大雁塔，故而称之为砌筑技能、技巧吉尼斯纪录。

(*a*)

(*b*)

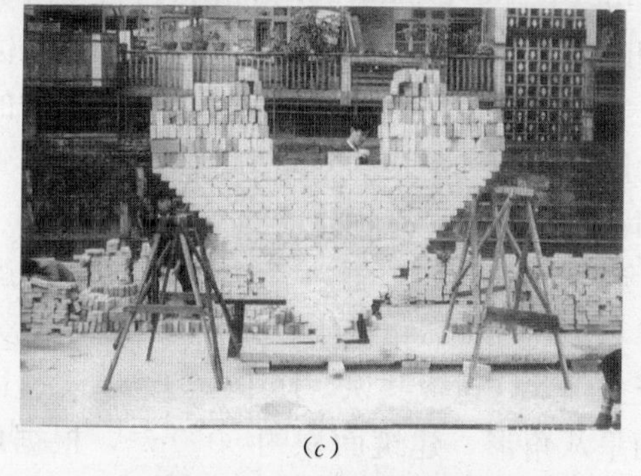

(*c*)

图 36-2　倒三角形砌体

(*a*) 砌筑中；(*b*) 砌筑完成；(*c*) 砌体加载

37　木桩的故事

河南信阳罗山县境内一座公路桥，桥墩基础是木桩。裸露的木桩群承载着高大的混凝土桥墩和公路桥梁路面，引发人们的疑虑，莫非是建桥时的偷工减料，几根木桩何以能承受公路桥梁巨大的动静荷载。据有关部门确认，该桥系原 312 国道上的狮河桥，建于 1938 年。

使用木桩基础在我国有着悠久历史，可以追溯至上千年前。在 20 世纪初我国沿海地区高层建筑软土地基处理大多采取木桩基础。上海外滩黄浦江沿岸所有的高层建筑，包括百年外白渡桥的桥墩，也都是采用木桩基础施工工艺。木桩长期处于地下，受地下水浸泡，还有木材纤维能经得住细菌虫蛀的侵蚀吗？木柱腐朽是否会影响桩基的承载能力。这些疑问在 1928 年广州中山纪念堂建造时，曾引起激烈的争论，原因就是纪念堂基础设计大量使用木桩。广东地区地处潮湿环境，木材易腐朽。中山纪念堂的设计者是我国著名建筑师吕彦直（1894～1929 年），以切身工程实践经历和对木桩选用木材的性能，作出详尽的科学分析，以理服人，使这场风波得以平息。

中山纪念堂木桩的木材，有别于其他物种的木材。木桩选的是美国进口的红雪松，18 世纪有人无意发现在太平洋西岸沙滩上，树立许多木雕神像，都是用直径 2m 粗的整棵大树雕刻而成，是当地土著印第安人图腾膜拜的木雕神像，任凭日晒雨淋、潮汐拍打、海水浸泡，屹立千年不朽，完好如初，这一现象引起木业界人士高度重视。

经研究发现，木雕神像使用木材，名曰西部红雪松针叶树种，只生长在北美西部太平洋海岸高山地带的原始森林中，呈带状分布，是天然原始森林资源，树干挺拔粗长，直径 2m 以上，平均高度 60～80m，红雪松树生长缓慢，树的剖面呈红至深棕色，纹理顺直，纤维组织均匀，具有极高的抗腐蚀性能，由于在木材纤维中含有一种醇类物质和酸性物质，可以防止腐蚀和菌种的生长和繁殖，有驱避各种昆虫虫蛀的功能，还有红雪松的木质稳定性，不论遇到极度干燥和潮湿环境，都不会产生干缩和膨胀变形，是优质的天然防腐木材。

20 世纪 20～30 年代，美国生产的红雪松木材，通过船运大量运进中国沿海地区，在上海、天津和广州等大城市使用极为普遍，通过充分的科学考察和工程实践经历，才促使疑虑消除，达成共识，使中山纪念堂工程得以顺利完成。

中山纪念堂平面呈八角形，建筑面积约 5000m^2，根据地基承载力的需要，分别选用不同直径和桩长的红雪松木桩，直径为 25.34～15.2cm，桩长 3.66～12.2m，共计 2037 根，是当时国内各大城市建设用木桩之最。

38　清水砖墙勾缝与奶油蛋糕裱花师的故事

瓦工修筑清水砖墙，裱花师妆点奶油蛋糕——这两者之间“风马牛不相及”，怎么会有故事发生，待笔者细细说来。

砖结构清水墙建筑在我国有着悠久的历史，存留下来的历史建筑，以及20世纪50～60年代以来所建造的大量清水砖墙建筑，在全国各地随处可见。它们以砖的自然色泽、整齐划一的缝式，配以形式各异的砖砌拱券以及房屋建筑形体的变化，给人以赏心悦目、清凉自然的感受，这是一种朴实无华的建筑艺术。随着建筑工业化的发展，在一些城市建设中，砖结构建筑大量锐减，清水墙砌筑工艺勾缝技术也随之消失。

也许是人们对砖砌建筑的怀恋之情，近些年来，仿清水砖墙各色装饰面砖被大量应用，清水墙勾缝成了关键性的操作技术，2000年，笔者参与上海市某豪华别墅区建设，6000m^2会所工程采用全清水墙贴面施工，选用暗红色拉毛面砖，其设计选自美国纽约西方大厦清水砖墙16种不同的组砌缝式构成的立体图案。虽然已经对施工工人进行过专业训练，但在粘贴拉毛面砖勾缝操作时，还是遇到了最为棘手的难题——墙面污染，一旦勾缝砂浆粘上面砖表面，就难以清除，留下的印痕影响美观。对此，大家都束手无策、一筹莫展。这时，有人提出做奶油蛋糕使用的囊袋工具，通过挤压从圆嘴口挤出条状奶油，塑造成各种造型的图案，将这种方法用于勾缝是不是可行？于是，工人师傅将勾缝砂浆装入囊袋中，挤出灰条直接嵌入灰缝内，灰条水分被墙缝吸收形成吸附粘结，待表面风干，用勾缝溜子来回搓平压实，不仅解决了墙面污染问题，而且提高了勾缝效率。操作时只需一人喂缝、一人搓平压实即可。

这一做法更适用于老建筑凸缝的修缮，将圆润光滑的灰条直接嵌入灰缝内即成，但还要注意一点，勾缝砂浆隔日必须喷水养护。

通过这次勾缝操作的技术改进，说明了凡事只要肯动脑筋，在日常生活中，多观察，多留意，难题也可以迎刃而解。

39 金属油罐移位

这是20世纪50年代，笔者刚参加工作不久，一位老施工技术人员讲述的故事。

一、巨大油罐要迁移

新中国成立前有一家美商油脂公司，欲将厂内一座油罐移至距旧址约 20m 的新址。营造厂接受任务后，当时施工条件没有像现在那样的起重设备和工具，只能按常规施工方法先将油罐解体，用人力推车人拉肩扛搬运至新址再行组装，施工工期、工程预算也都照此执行。

二、看我水面大漂移

施工开始前，工人师傅先将油罐新址基础施工完，随即挖出基槽土方，堆积在基槽边，分层夯实筑堤，同时调集大量工人在油罐与新址基础之间开挖成沟槽，沟槽两侧堆土夯实筑堤，在两者之间围成一条干涸的沟槽。美方人员用诧异的目光注视着施工进度，迟迟未见有拆卸油罐的动静，问是怎么回事？回答是请等候佳音。待所有一切都准备就绪，调来多台水泵往沟槽内灌水，等油罐浮起脱离基础，用绳索牵引油罐，徐徐地向油罐新址漂移，抵达新址基础部位，开始放水，油罐稳稳地就位，然后固定地脚螺栓，随后将沟边筑堤堆土推入沟槽，再夯实平整场地，施工过程（图 39-1）也就几天时间，营造厂也赚得一笔丰厚的酬金，美方人员竖起大拇指：中国人真聪明。

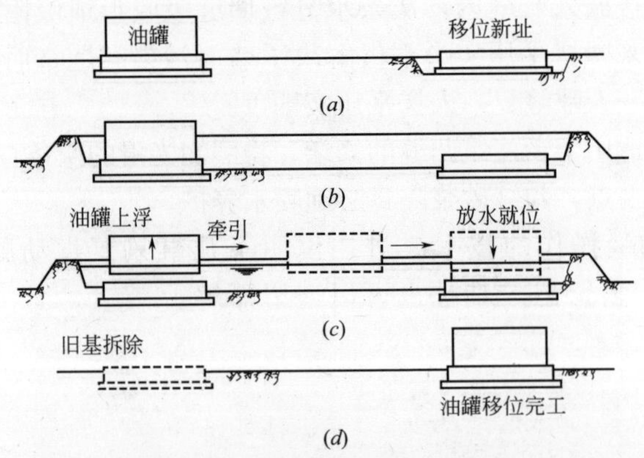

图 39-1　金属油罐移位施工示意

(a) 完成移位油罐基础施工；(b) 现场挖土夯筑河堤；(c) 灌水至油罐漂浮；(d) 拆除河堤还填土夯实复原

故事真实地告诉大家，工程技术一些难题，有时候想得越复杂越难解决，集思广益，有的看似简单，却是通往成功的捷径。

40　中国第一台万吨水压机制造中的传奇故事

20世纪60年代，笔者有幸聆听到上海第一台万吨水压机制造副总设计师林宗堂关于制造万吨水压机事迹的报告会，其中讲到科技人员同施工工人相结合，共同克服困难，解决技术难题的生动事例，深深地打动了刚刚参加工作，年仅20多岁笔者的心，至今记忆犹新。

当年国家发展重工业缺少大型锻压设备，一些重大锻件要送到国外去加工，当时工业部副部长沈鸿（上海学徒工出身的机械行业专家），提出自行设计制造万吨水压机的建议，获准后沈鸿任总设计师，林宗堂任副总设计师，由上海重型机器制造厂承担该项任务。

在制造过程中遇到许多困难，万吨水压机零部件100t的有2个；50t的有20余个，最大部件重达300t。要将这些部件逐一运进车间加工，当时没有能吊运如此大吨位的吊装设备，于是工人师傅开动脑筋想办法。在运送部件的道上，铺上长长的木板，板上涂上厚厚的黄油（润滑机械轴承用），工人们连拖带拉，部件在木板上牵引滑移到达目的地。

水压机的下横梁重300t，加工安装时需要提升、转体，沈、林二位专家将这一难题交给了起重工班长魏茂利八级起重工师傅，经过一番思考，魏师傅提出需用大量的千斤顶和铺铁轨的道木，求援报告呈送给了上海市政府，马上动员全市各大厂家和铁路局全力支援，千斤顶和道木都备齐了，下一步该怎么做？先在300t横梁两端位置制作两座6m高的钢架，钢梁两端中心位置焊接两个中心轴，装上一根钢丝绳，将几十只千斤顶安放在钢梁底，一人管一台千斤顶，人手不够办公室干部都来参加，沈、林二位把指挥权交给了魏师傅，准备工作就绪，只听得魏师傅的口令：一二、一二……眼看着300t的大钢梁徐徐抬起，当提升高度能塞进道木时停下，再将梁下另一道木垫实后，把千斤顶移到新的高度位置上，继续抬升，就这样周而复始地操作，将钢梁抬升到6m高度，钢梁提升过程中也不是一帆风顺，出现过倾斜险象，魏师傅镇定自若，及时调整纠偏，闯过难关。当钢梁升至6m高度，安放在钢架的轴承位置上，随着钢丝绳的牵动、钢梁可以随意翻身转动，顺利解决了加工制作上的难题，工人们风趣地将这两项发明称为“蚂蚁顶泰山”和“银丝转昆仑”。类似这样的故事还很多，这些都是工人们从实践创造中智慧的结晶。

经过三年的努力，万吨水压机终于造出来了，苏联专家来到水压机旁，抚摸着机身，用怀疑的目光，询问是哪位专家所为，沈、林二位笑着将魏师傅推让到苏联专家面前：是他——中国工人。

41　警惕砖砌房屋整体倒塌

据报道，上海、宁波连续发生三起砖结构房屋建筑整体倒塌事故：一是上海某 4 层楼房突然倒塌；二是宁波某 6 层居民楼整体倒塌；三是上海某大楼第 7，8 两层（加层）坍塌。经初步鉴定认为，上海的两栋楼是由装修不当引起的，宁波居民楼原先已属危楼，房龄已有 23 年，存在倾斜、开裂、漏水等质量问题，加上结构构造上的随意改动、野蛮装修等原因导致倒塌。

事故原因果真是由装修引起那么单一吗？房屋装修时确有敲打承重墙、墙上剔槽钻孔及破坏建筑结构的问题，但都发生在局部，是怎样的破坏力使整栋楼顷刻间成了一堆碎砖瓦砾呢？对倒楼事故的真正原因应该有更深层次的分析和思考。

一、分析与思考

上述三起事故都是在静态状况下突发的，有别于地震时房屋受自身惯性力及地壳运动影响从而上下颠簸、左右摇晃，房屋结构失稳散架而引起坍塌事故。因此事故分析应该透过现象看本质。

（1）排除对砖与砂浆材料强度的疑虑，这三栋楼建造年限都在 20 年以上，能沿用至今证明砖结构墙体承载能力可信。

（2）房屋装修对房屋有局部损坏的可能，但不足以证明是房屋整体倒塌的原因。

（3）加层是各地城镇普遍存在的情况，有自行搭建的，也有设计院经过验算合理加层的，经多年使用，安全度是有保障的。

（4）类似这种房屋整体倒塌事故在南方江浙地区多有发生，但在京津唐及东北地区极少见。

二、探索事故真相之谜

笔者在上海大渡河路旧房改造工程中找到答案。该工程有 6 栋不同结构类型的旧房须进行改造，其中 2 号楼层（加层）居民楼建造年代、建筑构造同宁波事故楼，在对其进行结构质量鉴定时，发现砖墙砌筑质量低劣，质量通病遍及各个楼层，墙体表面凹凸不平，垂直度、平整度严重超标，灰缝厚薄不匀且随处可见，脚手眼未堵实，施工洞口干砌，用厚抹灰砂浆堵抹覆盖，门窗无过梁，用木板搭桥，在上直接砌砖。

屋顶加层更是险象环生，在屋面上砌 0.5m 高矮墙，搁置混凝土预制板，板上直砌 3m 高砖墙，安装屋顶预制板。如此建造房屋像搭积木，2 号楼当时地处城乡接合部，属乡镇建筑队自建工程，质量管理完全失控。

如此不堪一击的危楼，能持续居住使用 30 余年，全仗着 2m 宽 1.5m 深的稳固基础。如果遇到周边有打桩振动和高层建筑基坑降水影响，随时会倾倒，因此对 2 号楼加固采取“脱胎换骨”的方式，采用全方位结构加强处理。

对宁波居民楼事故分析应从房屋建筑整体坚固性入手。砖墙承受楼层竖向荷载，混凝土预制板压墙体 10cm 左右，维系着墙体之间的稳定，如果墙体砌筑质量十分低劣，个别墙体遭受意外伤害会开裂或倾斜，受预制板和圈梁水平方向牵连，会发生连锁反应导致整栋楼失稳，从而出现“多米诺”坍塌现象。

如果对传统营造工艺不甚了解，仅凭借理论计算或用检测仪的数据说话，不可能找到事故的真实原因，也无法提出合理的加固措施。通过分析判断，事故主要由当地普遍采用不能保证质量的摆砖法砌筑工艺以及瓦工的操作陋习，加上年久失修、缺少维护保养以及住户对房屋建筑使用不当等多种原因导致的。

三、经验与教训

当前，笔者关心的是仍居住在充满质量隐患危房中居民的安危，因此当务之急是做到防患于未然，一些在以往建设中遗留的工程质量问题需要有关部门、业内人士认真对待。人们应从工程事故中走出来，脚踏实地掌握事故成因和发展规律，研究事故合理的处理方法，对住户宣传房屋建筑维护保养知识，培训施工队伍，总结出一套对旧房改造（从质量鉴定、事故监控、安全防范、维护保养到改造加固）行之有效的模式范本，为人们的居住安全做出贡献。

42 煤渣冰面机场跑道诞生记

恩师胡凤仪是一位军事工程专家，笔者同他相识是在1961年冬，他和建设部另一位结构工程专家王世威来天津开展工程质量调研，搜集资料，为编制建筑工程质量检验标准做准备，市建工局让我接待他俩，考察我所管理的工程项目，经研究决定，以天津砌砖工程施工管理经验为蓝本，编制全国统一的工程质量标准，我被推荐参加《标准》的编制工作。开始在他俩手下工作多时，并就此接下永久的师生情，当时年轻缺乏工作实际经验的我，从他们的人生阅历和丰富的工作经验中，接受他们的亲切教诲，受益匪浅。工作之余，经常聆听到他们在工程实践中的经历，讲述充满智慧传奇的往事……

1948年冬，北京即将迎来和平解放，国民党起义将领傅作义急召时任少将工程处长胡凤仪，让他在北京城内迅速修建一处机场跑道，让国民党顽固派迅速离去，以消除和平解放的障碍和隐患，当时的北京城已被中国人民解放军包围住。西苑机场已被解放军占领，在城内造机场，何处有空地？尽管当时飞机小，机场跑道不长，飞机的起落也需要100多米。于是驱车在城里转了一大圈，发现东单有一处空地，地面上堆满冬日取暖丢弃的煤渣，于是灵机一动，计上心来，命令部下，动员众多士兵将煤渣推平，铺出一条长长的机场跑道的煤渣路基，路基两边用土夯实架高做挡水的围堰，然后放水，当时北京正处严冬，气温降至－15～－20℃，滴水成冰，一夜之间煤渣冰面机场跑道建成，煤渣显露冰面形成粗糙表面，能满足飞机起飞、降落时机轮与地面的摩擦阻力的需要，一些国民党将领和家属不愿接受和平解放北京，相继离去，为北京顺利和平解放排除了障碍。

由此领会到老一辈工程者的智慧和力量，当遇到任何艰难困苦的时刻，要镇定自若，随机应变，利用周边自然环境和不被人们所注重的物质材料，创造条件，解决现实急需，几近绝望的难题，怎能不令我们晚辈同行，敬佩之至。

恩师胡凤仪于1988年离世，立本文意示纪念。

43　关于施工缝留置方法的一点建议

本人认为，《施工缝留置方法》一文中提出的 4 种（图 43-1）施工缝留置法，都存在施工难度和可靠性问题：因为施工缝留置导墙两侧都有墙体竖筋，如果在双排竖筋狭小的夹缝内支设凹凸缝的模板是相当困难的，即使支设完成，模板的拆除也必然是“两败俱伤”；凹凸缝混凝土会随时出现开裂、脱落和掉角；另外施工缝在混凝土浇筑前要浇水润湿，凹槽内的积水会稀释混凝土，降低混凝土的强度，增大收缩，影响抗渗性能，因而凹凸缝不宜选用。

金属止水片早在 20 世纪 60 年代修建捷克大使馆地下室时应用过，此种别墅式公馆施工面积小，且墙体都为直边，施工较简便。但在大型或曲折多变的工程中应用，同样存在着施工问题：止水片的悬空架设需要大量短筋与墙体主筋焊接；止水片与短筋焊接只能点焊，牢固程度差；在大面积工程中墙体延长线很长，还要通过变形缝、后浇带，一旦产生沉降不均，金属止水片与混凝土接触面会出现裂缝，造成渗漏，修补十分困难。

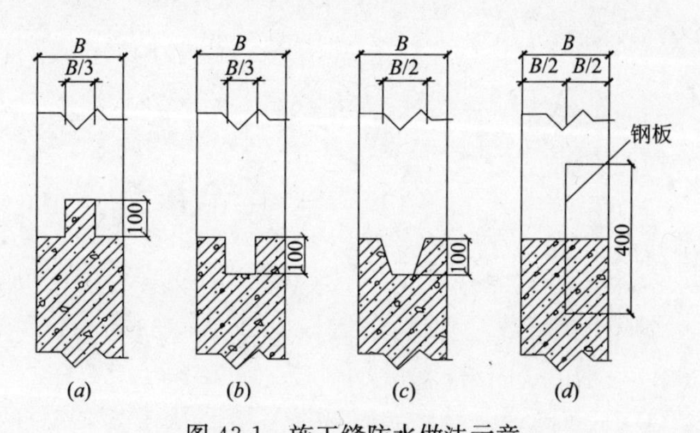

图 43-1　施工缝防水做法示意

（*a*）凸缝；（*b*）凹缝；（*c*）V 形缝；（*d*）钢板止水缝

而“单边企口加膨胀止水条”的做法具有双保险作用，可谓“刚柔相济”。本人在上海处理 3 个住宅小区的地下室混凝土墙体施工缝时，均采用了此法。

施工操作设专人负责，监理旁站监控。在基础底板和导墙混凝土浇筑完毕后，立即支模浇筑导墙企口部位混凝土，人工振捣，木抹子拍压平整，待混凝土终凝时（12h 后），即可松动模板支撑，使模板与混凝土之间产生离隙。模板支设十分简便，采用一块 20cm 高的通长挡板，利用墙筋作支撑，次日轻取拆除模板，进行企口修正。清除混凝土残渣，浇水养护。在混凝土墙体竖筋绑扎前，可以将止水条就位安放，此后不能再浇水养护了。墙体混凝土采取分层浇捣，即在一处卸落混凝土，浆液顺模板两侧向前流动，覆盖止水条和企口缝之后，在上层继续浇灌混凝土，经强力振捣骨料下沉，以增强企口缝处混凝土的密实度。

整个操作过程由几位建筑公司的老师傅监控，质量做到了万无一失。笔者在暴雨后多次沿地下室外墙查看，竟无一处渗漏。

44 工程实践故事有感

一、防潮层施工被遗忘

1980年天津民权门住宅工地基础施工时，防潮层未做被遗忘，待发现时首层砖墙已经砌筑完成，正准备安装首层楼板，怎么办？急等着大家拿主意，众所周知防潮层的功能，是阻挡地下水受毛细血管作用，对墙体渗入，天津地处盐碱地，对砖墙的侵蚀严重影响砖结构强度和居住环境，当地居民深受其害。由于防潮层隐患的隐蔽性，短时期内不易被发现，施工人员的疏忽和对质量不重视，遗忘情况常有发生。

鉴于现实情况，治理要从根上解决，隐瞒、迁就不可取，唯有推倒重来。决心来自于责任心和工程者的良知，把已完工的首层砖墙拆除重砌，动员工地上全体员工，一起动手，利用刚砌墙体的砂浆（M2.5）尚在初凝阶段，逐砖一块块地拆下，刮净砖面上的残浆，保护好砖块的完整性，继续使用，刮下的砂浆搅碎过筛，加入适量水泥、石灰拌和再用，减少损失，这一举措赢得了全体工人的赞同，也是上了一堂深刻的质量教育课，受益深远。

二、当事者尽责无所不在，遇“险”更要担当

上海莘庄新建住宅小区，笔者任筹建处建设方技术负责人。主楼出入口过街楼为钢筋混凝土拱形结构，拱顶高9m，跨度14m。供体模板支设满堂红脚手架，用粗钢筋密排做成弧形支架，上铺拼接模板平铺黏土砖抹水泥砂浆轧光做胎模，涂刷隔离剂扎筋浇筑混凝土，经养护拆模时，拱顶混凝土发生粘砖胎现象，部分模胎底砖连同水泥浆面与混凝土粘结得十分牢固，剥离困难，工人忙于拆脚手架，将粘结在拱顶残留下的砂浆、砖块悬粘在高空。施工人员进进出出不以为然，施工人员认为粘结牢固不会掉下，待工程后期做装修时一并处理。对此引起一番争议，出于安全考虑，不应抱有侥幸思想，教育职工，不留隐患，在建设方坚持下，重搭脚手，强行清除粘结在拱顶的残留物。

与此同时，就发生在上海南京西路一栋高层建筑，地下连续墙基坑施工，当基坑土方开挖至坑底深10m处，连续墙水平支撑钢筋混凝土梁架结构未被清除的砖胎底模，突然脱落高空坠下，酿成多人伤亡事故。

用水泥砂浆抹面做砖胎底模施工方法十分普遍，涂刷隔离剂难免会发生粘胎现象。如果我们精心些，设专人清理，事故完全可以避免。

三、天津西郊杨柳青电厂油库爆炸事故

1972年天津西郊杨柳青电厂建成投产。电厂燃油建有三座油罐，每座储油

4000t，油罐为非金属预应力钢筋混凝土结构，半地下，直径36m，油罐间距18m。在第一座油罐完工即忙于注油开始升火发电，第二座油罐油气管道尚未接通。

当时正值春节临近，抓紧第二座油罐投产做准备，“文革”期间生产班组按部队连排编制，由连长安排电焊工班组负责向2号油罐接通油气管道施工，油库区是严禁明火电焊作业的。消防安全部门明示张贴警示布告、标志。1～2号油罐管道中间设有截门阀闸，阻断油气流通，连长并不理会，不听劝阻，理由是原油即使明火也点不着，又有军代表点头，何况是在2号库顶施工，就这样擅自进行电焊作业，从1号油罐管道油气进入2号管道回火引爆，顷刻间巨大火球升天，1号油罐顶被掀开，燃油四处外溢，条条火龙沿周边散开，爆炸冲击波远近建筑门窗玻璃飞溅，周边电厂辅助设施被毁，损失惨重。

事故原因是在清理火灾现场查获，被烧焦的油气阀门未关闭，留有10cm的缝隙，导致油气从1号管道进少2号管道接口处，电焊火花引起爆炸。1～2号油罐之间管道阀门是由专人负责关启，当时气温冰点为保持开关灵活，每天定时排放，该日当班者外出开会忘关阀门，酿成大祸。

四、钢筋混凝土无筋桥

1970年天津市建设地铁，在墙子河干涸的河床上，采取明开式建造钢筋混凝土地铁箱体，横跨在墙子河上的桥梁需要拆除，其中有一座桥拆除前检查桥底，发现桥底混凝土钢筋保护层剥落，钢筋严重锈蚀，留下一道道锈迹斑斑的凹槽，钢筋不见了，见此情形，在场人员惊呆了，这不成了一座无筋素混凝土桥？十多米跨度的桥梁，桥面上车水马龙，还经常过往重载车辆，经受动载和震动，竟然没有了钢筋，仍然默默地“工作”，正是不可思议。

拆桥时才感受到桥之坚固程度，动用风镐一层层地剥离，混凝土石材与一水泥结合成如同整体石材。桥之建造日期已无从查证，至少也是在20世纪40～50年代前，那时混凝土施工全靠人工操作，施工工艺极为严格，砂石级配计量都要过秤，水灰比加水量，坍落度都接受层层把关检查，石子含泥量用清水洗净，当年营造厂工程师阎子亨深夜查岗，用白手套擦拭石子含泥量成了佳话（阎子亨，天津市著名建筑师，20世纪50年代第一任建筑工程局局长）。混凝土浇捣，手工赶浆法，布料和赶浆两人配合，用铁锹翻拌均匀徐徐地灌入模内，用砂浆引路，石子随后，做到石子分布均匀，混凝土养护用草袋麻毯覆盖或蓄水养护至少14天，当年建桥工匠就这样一道道工序做下来，才换来工程的百年大计。

五、呼唤“匠”的归来，继承传统营造理念

当今建筑工业的发展，技术的进步，远离了传统营造工艺，手工作业精良操作技能，被现代化所替代，日益失传。能工巧匠的概念日渐生疏，年轻一代对传

统的鄙薄，滋长于对电脑的依赖，当触及到有关传统营造方面的问题，显得陌生无助。一位在设计院工作的博士生，对本人明言："陈老怎么还在钻研早已被淘汰落后的砖砖瓦瓦?"，情况果真如此!

2001年笔者接受上海佘山晶园别墅小区建设任务，设计提供数十样式设计图纸，多为仿国内外近现代经典别墅建筑，造型独特，风格各异，装饰繁杂，仅清水墙组砌缝式，仿用美国纽约大厦达十几种，还有门窗洞口拱券、檐口等，涉及瓦、木工种技术含量，手工制作居多，施工难度显而易见，有两家施工单位因此而退出。

笔者接受此工程项目，是源于对传统营造工艺之熟识，在施工管理和设计方面的经验积累，且长时期从事建筑工艺、工人操作技术、技能的研究和对工人技术培训，这无疑是给笔者一次"重操旧业"的极好机会，"没有工匠，就自己造"，从农民工中挑选瓦、木工种进行技术培训，针对别墅样式做示范操作练习，深化设计图样、放大样、绘制节点详图、考察沪上典型建筑制作模型，山花、檐口石膏翻模、做定型模具，拆分组装，木构件梁、柱标准件机加工，砖瓦、石材、门窗制作厂家成品生产，现场以零配件组装，安装工程配合完成突出制作精度和成品保护，节点部位技术交底一事一训，极大地激发操作工人的兴趣爱好和智慧的投入，大家动手动脑，如此摸索推进，圆满完成任务。

这是一次对传统营造工艺返祖实践的尝试，激活了沉睡多年匠心灵感的手艺道，仿与创交替，你中有我，我中有你，成就于对传统和现代相融之梦。

史　料

陈维伟同志：

谢谢您于7月16日寄出的《砌筑动作研究》，当时我还在日本出差，前天才回到北京。从书的内容可以看出，您是花费了大量精力的，至于您所专门机构的确认，中国工程建设质量管理协会是否此种专门机构，我是门外汉，至于对书中所写具体技术操作做审定。不过，我向来主张质量管理是要以技术为保证的，砌砖的质量管理也要首先从动作研究开始。管理科学的前辈也是做过砌砖的动作研究的，现在看到我们自己有了切合实际的动作研究，十分高兴。

对此顺祝：

暑安！

刘源张

中国科学院系统科学研究所

1985年8月3日

陈维伟工程师：

多年不见，十分想念，接连两封信，知您在天津铁路局工作，并做出了显著成果，非常欣慰。今接《砌工作业标准化（100例）》及“砌砖工程作业标准”和来信，详细拜读，颇受教益。在艰苦条件下，仍继续钻研，做出贡献，使我们敬佩。

关于您的想法和作法，我们认为很好，非常赞成。现在我年过古稀，已是暮年，能力有限，力不从心，只要有稀薄之力，自当尽力而为。关于对标准作业操作动作进行录像，以慢动作分解砌筑过程，进行培训，当然很好。不过建设部内尚无录像设备，更缺少放映设备。因此，我们想最好能制成电影，以便广为宣传。对于此事，我们也有个想法：(1) 录像是否能在铁路系统办理。(2) 今年二月下旬，要在天津召开一个质量协会成立会（全国性的），由建设部肖桐副部长主持，您可争取参加会议，到会上寻求协助。(3) 关于《砌工作业标准化（100例）》的出版，我们再与出版社洽商，看时候能再出版，以应广大读者需求。

王工现在科学局工作，我在家办公，均尚未退休，身体还好，请勿念。我仍住原来的地方，如有机会来京，可驾临寒舍，畅叙阔别为盼！

祝全家安好！

王世威　胡凤仪

中国建筑工业出版社

1983年元月17日

维伟同志：

你好。

见到你 12 月 1 日来信及《砌砖作业标准》一书，很是高兴，我们就是需要你这样扎扎实实的工作，用科学的态度、科学的方法去总结、提示我们的传统作业技术，同时走出新的路子，创出新的水平。你的指导思想很好。书的内容我粗看了一遍，因我从去年十月初九患病住院，今日才痊愈出院，看了你写的文章，很想和你谈谈，你如有瑕，可到我家中来，我现在仍在家休养（除星期一、四，上午去总医院外），一般都在家。

敬礼。

虞福京

1983 年 1 月 14 日

给恩师虞福京之女的信

虞晓童同志：你好！

春节前返津，原本想同积生去探望你父亲，向他叙说这些年自己在事业上的成就，感谢他引领我们在事业上的发展走上成功之路，未曾料到他已病故数月，作为他当年的部下、学生，对此深表哀悼。我和积生同是20世纪50年代参加工作的学生，如今在工作、事业上取得的成绩，离不开他老人家的关怀、栽培。他在我心目中，不仅仅是位事业型的领导，更是一位德高望重的学者、师长、伯乐，在我事业成长的过程中，他是引路者，在对传统施工技术漫长的研究探索进程中，关键时刻都能得到他的鼓励和帮助，往事历历在目，仿佛就发生在近期……

20世纪50年代初，天津市建筑业云集了一大批以瓦、木工为主的能工巧匠，营造业出身，经验丰富的综合管理人才，还有与你父亲同辈的对建筑事业执着追求敬业精神的工程技术人员。虞老是建筑工程局局长，这三方面人才的结合，在当时以砖木、砖混结构占90%以上的设计与施工，占有极大的优势，大家精诚团结，以饱满的工作热情，努力工作，在他们的言教身传环境熏陶下，培养造就了我们。

1958年由建筑工程部、建筑总工会组织，在天津（王串场）召开全国砌砖技术交流会，各省市选派16个瓦工先进班组参加比赛，比赛结果天津四建刘长和瓦工小组夺冠，从此开创了天津砌砖技术享誉全国建筑业的鼎盛时期。为了全面提高砌砖工程质量和工效，在虞局长的领导下，在组织管理工作上进行了一系列的改革，首先改造瓦工操作技术质量上的陋习，统一砌筑方法，即“三一”砌砖法；其次，加强瓦工班组自检、互检，建工局每月组织各建筑公司联合大检查评选优质样板工程；第三，制定一整套砌砖工程操作规程、质量标准和检测方法，这对促进天津市砌砖质量、工效大幅度提高起到极大的推动作用，同时涌现出一大批以青年瓦工张华堂为代表的瓦工技术能手，形成群众性比学赶帮活动，后来发展为北京、天津、唐山三市的技术协协作活动。

1960年我在工程施工质量管理上创造实现规范化工程设想（即以后的标准化管理），采取“平面定点、随机抽样”的质量检测方法，日常仔细观察每个瓦工砌筑手法和操作特长，改进他们不良操作习惯，每日下班前对完成的墙体进行全面检查，记录每道墙、瓦工砌筑质量偏差数据和完成量评选优质样板墙、流动挂匾等活动，同时也带动了其他工种工程质量全面提高，在全局工程质量大检查中屡屡获胜，有一天虞局长来工地视察（邮电部宿舍楼），听取了我的汇报，对我们的管理方法予以肯定，当即决定组织全市建筑企业召开推广交流现场会，后来又介绍给北京、唐山及河北省建设厅，开始接待外省市建筑业同行来津参观交流。

1961年冬，国家建工部派王世威、胡凤仪二位专家来津做工程质量调研，他们考察了多个施工现场，观看瓦工操作技术，不论级别高低，砌筑手法统一，测定质量数据十分接近，作业面上很少有落地灰，碎砖堆积，做到了活完料净，砌筑质量实测数据均超过国家规范各项标准。王、胡二位专家在召集局领导和有关人员座谈会上明确表示，天津砌砖质量、施工管理全国第一当之无愧，要大力宣传推广天津质量管理经验，决定以天津砌砖管理工作为蓝本，编制我国自行的规范和标准（当时沿用苏联规范）。虞局推荐我参加《标准》编制小组工作，各建筑公司配合《标准》试点工程，在其他省市也设试点工程。《标准》编制工作期间，在王、胡二位专家指导下，引入传统技术与现代管理科学（数理统计）相结合的思路，这为后来发明“2381”科学砌砖法奠定方向性的基础（同他们的交往在建筑理论学术上受益匪浅，建立深厚的友谊，保持多年，也成为我终生的恩师）。

我在接待来津参观考察工作持续到1966年，共计160多个单位和个人，其间完成《三一砌砖法》、《工具式支模》著作和《砌筑砂浆强度调查和质量控制方法》论文的发表。上述工作都是在虞局指导下展开，他是决策者，我是执行。

之后不久，我便二次下基层到瓦工班组劳动（第一次是在1959年），劳动使我有更多时间接触到各路能工巧匠的技艺特长和技巧，从他们在工余“活论”中汲取不为人知充满智慧的工程实践知识，为我以后开展作业研究提供宝贵素材。基层劳动让我再一次体会到瓦工作业之辛劳，砌砖弯腰劳动强度最大，大多数瓦工都不同程度患有腰肌劳损疾病，引起我的警觉，促使对动作研究注意到预防腰肌疾病方法的研究，在天津医科大学生理教研组刑克浩教授协助下，对未患腰疾张华堂师傅进行肌电图测定，其腰部肌肉健康状况好于常人，根据《运动生理学》原理，节律性符合人体正常生理活动规律的动作，能缓解局部肌肉劳动强度，有利于健康保护和一定的健身作用。于是把张师傅砌砖弯腰动作分解为三种姿势，列入砌砖二三八一规范动作。同时还专访了上海科学院生理研究所《腰腿痛防治小组》研究员荣辛未，和上海《练功十八法》创始人庄元明中医师，探讨用规范砌砖动作进行作业劳动，对预防职业性肌肉劳损的可行性，和三种不同弯腰身法，对腰部肌肉活动的预防腰肌劳损作用，深得他们二位的赞同，并把练功十八法对腰部健身法，引入对瓦工基本功训练科目（经“2381”培训的青工，10年内无人患腰肌劳损疾病）。

1970年我调到天津杨柳青电厂负责地下电厂施工管理工作，正巧虞老下基层到我们工地，地下电厂施工有着多项新工艺、新技术复杂课题，大家都缺乏这方面施工经验，在虞老的建议和参与下，汇集了天津大学土建系、天津建科所、天津建筑设计院等专业人员，进行攻关，充分发扬技术民主，集思广益，商讨施工方案，一同出差参观考察，各种施工技术上的难题一个个地都得到了解决。每天下班时，虞老常常同我们年轻人一道骑车回家，工余时聊聊家常，虞老平易近人，就如兄长般的热情待人，回忆那段一起工作的时光，紧张又热烈，心境是平静而舒畅。

1976年唐山大地震波及天津，天津市一些房屋建筑遭到不同程度的损坏，震后工程质量大检查时，我刻意对自1956年以后所建砖混结构房屋进行细致的检查，绝大部分完好无损，从中领悟到人的操作因素，砌筑质量得到控制，确保了建筑物整体坚固性，即使墙体出现裂缝，也是裂而不倒，保护了人民生命财产的安全，这要归功于虞老领导的那场传统施工技术改革的成果，功不可没。

1977年我被调任铁道部北京铁路局京、津、唐抗震复建指挥部工作，面对量大面广以砌砖为主的复建工程，瓦工严重短缺，我运用了砌砖动作研究原理对刚入厂百名青工和六支农民工施工队，开展大规模技术集训，三年内训练200余名（合格）瓦工，完成天津市民权门数10万m^2的六层砖混结构住宅楼和小区配套工程，工程质量全部合格，此举引起铁道部工程局系统和市建委的关注（铁道部率先在秦皇岛举办出国劳务瓦工培训班），编写《砌砖工程作业标准和砌砖工艺问答100例》作为培训教材（后来由建筑技术杂志社陆续出版）。

1982年底我将这段工作情况写信给时任天津市副市长虞老向他汇报，随即收到回信，约我去他家面谈，在听取我介绍后，告知我1983年2月建设部将在天津召开中国工程建设全面质量管理协会成立大会暨第一次年会，让我做准备由他命题以砌砖作业标准化为中心内容的发言材料，虞老不顾当时病休在家，专程去北京向部里会务组提出安排我的发言，大会筹备组认为：砌砖老生常谈，没有新鲜内容，会议准备工作已就绪，12篇论文讲稿和时间表已发给与会代表，不好“加塞”。最后虞老决定压缩他的讲稿内容挤出时间，让给我讲，他在大会发言中介绍了我的工作情况，“下面请陈维伟同志发言”成了他讲话的提前结束语。面对各部委领导和与会者，我的发言竟成了热点，不时还接受主席台上领导插话和提问，忘却了时间，虞老在前排就坐指指手表，我才匆忙地中断发言，就在这次会议上把砌砖标准化作业更名为“2381”砌砖法。会后虞老找到北京市长张百发商讨推广事宜，由北京市建委主任约见我具体安排，虞老决定先在天津举办培训试点，从天津市房管局各工程公司抽调工人进行培训，在培训中虞老经常抽空观看训练过程，关心与指导工程实习，二个月即取得良好效果。同年8月由虞老带队，我和三名培训学员赴哈尔滨市举办第四期的建设系统全面质量管理学习研究班，开展讲学，观摩表演活动，黑龙江省建委组织当地瓦工，全部出动、轮流参观。（东北是使用大铲砌砖的发祥地，新中国成立后由下关东瓦工归来传入）对短期内培训的瓦工有如此操作水平持怀疑态度，派出当地的砌砖名手，同台献技切磋技艺，我三名学员以“2381”规范动作同步砌筑，当场测定砌筑质量和效率，用数据说话，观者为此折服。第四期全面质量管理学习研究班学员来自各省市建委领导、大专院校教授、讲师和建筑业高级管理人员220余名，对培训班安排传统技术改革成果和标准化管理技术讲学，抱有极大兴趣，就在这次活动中，专家们认为2381砌砖法的推出，是中国建筑史上一次革命。随之各地邀请培训讲学、索要资料的信函接踵而来。

为了满足各地区建筑业学习“2381”砌砖法的需求，由建设部建管局技术处赵鸿岐处长负责组织安排推广工作，1985年先在西南、西北八省组织联合培训，培训基地设在兰州；然后对华东六省一市开展推广工作，培训中心设在杭州，国家科学技术委员会又分别在青岛、成都举办“2381”培训班，每期百余名瓦工参加。两期213名学员代表13个省市以讲授训练方法为主，他们负有学习推广双重责任，其间还受邀到四川泸州、遂宁国家建筑劳务基地，利用春节农民工回乡探亲时节开展培训，他们以极大的兴趣刻苦学好“2381”，提高操作技能，学好本领多挣钱，为国家建设服务。培训推广活动持续有10年之久，走遍了大江南北21个省市，每到一处都受到当地领导接见，热情接待。浙江省“2381”推广大会由副省长吴明达亲临主持，号召省内建筑业瓦工学好“2381”为振兴浙江建筑业做贡献。通过培训在全国各地建筑业涌现一大批瓦工技术能手，在各地区开展建筑青工技术大赛中均名列前茅。1990年全国青工技术大赛，进入十佳瓦工技术能手中，三名来自代表浙江、河北的“2381”瓦工学员，他们是我亲手训练的“2381”嫡传弟子，当时的工龄才2～3年。

1988年“2381”砌砖法通过13位专家鉴定小组评审，获浙江省科技进步二等奖。专家小组成员中国科学院系统工程研究所所长、中国全面质量管理协会理事长刘源张书信于我“高兴地看到中国有了自己的砌砖动作研究（历史上的管理学者都以砌砖动作研究为范本），而且超越了20世纪初期美国秦勒和吉尔布来斯在砌砖动作研究上的各项纪录。1986年美国国际建筑技术训练中心威臣主任来华交流，“2381”砌砖法训练方法的科学性和效果，均优于美方，同样得到对方的认可。

1997年我退休后回到上海老家，继续发挥余热。天津是我第二故乡。我在事业上的成长，离不开虞老和工程界前辈们的栽培和提携，我是站在他们肩上攀登事业高峰的幸运儿，对恩师的教诲永志不忘，把继承和发扬前辈们对事业执着追求的敬业精神为己任。用自己事业成功的经历和讲学练就的口才天分，2009年冬选择返回母校（南京工业大学土木工程学院），开展工程实践科技系列讲座（共10讲在《建筑技术》、《建筑工人》杂志上连载），以生动、幽默充满智慧和传奇，讲述工程前辈和工人们在国家建设中创造的业绩，博得工大学子们热烈欢迎，寄希望于后继有人，作为我古稀之年人生走向终极唯一夙愿，以此来缅怀恩师虞老和他的战友们，致以崇高敬意。

祝

工作顺利，万事如意！

陈维伟

2008年3月3日

全面质量管理是一门提高经济效益的、综合性的管理科学

虞福京（节录）

我感到我们工程建设部门更需要吸收管理科学中各家之长为我们服务。首先由于我们建设部门，尤其是建筑行业在管理上受手工业生产方式影响特别深，大大影响了生产力的发挥，更需要改革管理使之科学化、系统化。这是最近天津铁路局陈维伟同志向我介绍了他们如何运用科学方法研究改进砌砖作业给我的启示。陈维伟同志针对天津市砌砖作业虽然经过1956年至1966年三次大的总结和改进和提高，但目前仍存在三个问题：缺乏砌砖作业全过程的控制标准；砌砖动作不科学，增大了劳动强度并造成约80%的瓦工患有腰疾：很多优秀的砌筑手法由于历史原因被丢掉了，这些是造成砌砖质量不稳定，效率不高的因素。他运用全面质量管理的观点总结出一套全过程的砌砖作业标准；又同时在运用“动作研究”总结过去优秀砌砖手法的基础上，在天津医学院生理教研室刑克浩主任的指导、协助下，提炼、简化动作，研究砌砖肌肉活动规律，组成一套科学的、合乎人体运动规律的、合理运用多种技巧的砌砖方法，经实际测验及进行人体肌电图测定，都表明这一砌筑方法对提高工效、降低瓦工劳动强度并防止腰肌劳损有积极作用。他们用这套方法、标准，如同训练运动员那样去训练新工人，取得了明显的效果。三个月即可提高新工人的素质，达到质量合格、独立操作，日砌1700块砖以上的水平。这才只是开头，若再不断吸取各家之长，不断P、D、C、A循环，肯定还会有发展。此例说明手工作业科学化的重要性与必须性，靠科学之后带来深入的发展。砌砖在天津是有优势的，运用管理科学方法之后尚且有如此大的潜力，其他工种当然更有潜力，亟待我们综合地运用管理科学方法去研究各个工种的作业标准，提高劳动有效性。我们现在推行全面质量管理的小组虽然一般都取得了质量与效率双丰收，但从整个企业讲还没有把这些全面质量管理小组的经验集中提炼成为全企业的标准。训练新工人还仍然停留在一个师傅一个传授阶段，这说明我们手工业方式的管理方法仍不同程度地存在。如果我们以全面质量管理方法为主再综合地运用科学管理方法来进行改革，一定会在质量上、节约上、效率上有个新的、深入的发展，劳动有效性会有更大提高。

1983年2月24日

吴敏达副省长来我校观看
“2381”砌砖法操作汇报表演

12 月 22 日上午，省委副书记、副省长吴敏达专程来我校（站）参加了我校举行的浙江省“2381”砌砖法操作汇报表演。省建筑工程总公司周利民经理、董宜君副经理、党委书记卢展工、省城乡建设厅倪松年副厅长，劳动人事厅王万里副厅长和省计经委等有关厅（局）处室，以及省建筑设计、科研单位和杭州、宁波、温州三市建委等近四十名领导同志和工程技术专家都亲临到会。

我校（站）长徐可安首先向到会的同志简要地介绍了我校（站）的基本情况。随后，吴敏达副省长兴致勃勃地观看了我校（站）的泰顺县和湖州市两个地区的学员的操作汇报表演，对学员们取得的成绩表示满意，并一一与学员和教练握手以致祝贺。操作汇报表演结束后，吴敏达副省长就举行这次操作汇报表演的目的、意义以及今后的工作方向代表省政府讲了话。他说：今天大家来参加“2381”砌砖法操作表演的目的是很清楚的，这就是回去以后要大力推广“2381”砌砖法。“2381”砌砖法的科学性和它比传统砌砖法的优越性是很明显的。从我们浙江省的实践来看，运用“2381”砌砖法的效果已经很明显地显示出来了。我们浙江省在历次全国评比中，从砌砖的角度来说，得分总是比较落后的，因此，就目前我省的建筑队伍素质方面来考虑，推广运用“2381”砌砖法不但有空前的现实意义，而且为在国内外建筑市场竞争中以质量取胜而言，也有着深远的重要意义。在如何推广“2381”砌砖法这个问题上，吴敏达副省长代表省政府讲了两点意见：第一是要对“2381”砌砖法进行大力宣传，要做到使全省的建筑企业人人皆知；第二是要大力进行培训。省建第一技校（站）要成为培训中心，发挥培训中心的作用。为全省建筑行业培训“2381”的骨干力量。

为在全省建筑企业中全面推广“2381”砌砖法，吴敏达副省长非常关怀我校（站）的“2381”培训工作。今年 8 月 14 日，他在新安江接见我省有突出贡献的中青年科技人员时，就十分详尽地向我校（站）长徐可安同志询问了有关工作情况；10 月 14 日，吴敏达副省长在全省计划会议中再一次接见了徐可安校（站）长和“2381”砌砖法的主要发明者、总教练陈维伟工程师。这次，吴敏达副省长等领导同志又专程亲临我校（站）指导，必将进一步推动我们的工作，鼓起我们的信心。目前，我校（站）全体师生决心以此为鞭策，加紧做好各方面工作，为在我省加快推广“2381”砌砖法而努力。

在浙江建筑安装第一技工学校浙江“2381”砌砖法培训站举行的“2381”砌砖法操作汇报现场会上的讲话

吴敏达

1987年10月22日

今天我们在这里开一个现场会。请大家来看一看，回去以后要推广，这就是我们这次现场会的目的。在我们省里要大力推广“2381”砌砖法这项新技术，它的好处今天在座的比我更清楚。因为“2381”砌砖法有它的科学性，有它的优点。和传统砌砖法相比较，它既继承了南北的、全国的砌砖方法中的一些好的地方，对此再加以科学的提炼、科学的充实完善，是得到了有关单位充分肯定的。从浙江的实践来看，我们应该说。虽然这些实践还是初步的，但它的社会和经济效果已经可以看出来了。听说上个阶段用传统的砌砖方法与“2381”砌砖法进行了一次对比。用传统砌砖法的是老手，而用“2381”砌砖法的是新手。两个进行比较，结果听说是速度上相仿，但质量上用“2381”砌砖方法的就要好得多。如果用“2381”砌砖方法的也是老手，那么在质量与速度上的差距就会更大。这就更显示出了“2381”砌砖法的优点了。

为什么要在我们省大力推广“2381”砌砖法呢？我想回答这个问题是很简单的。从砌砖的本身来说，我们省在全国质量评比中，除装饰等方面是在前面的，砌砖的质量则是从后面数上来的第二第三名。怎样才能使浙江省这支建筑队伍在素质上最薄弱的地方把它补上去，总的来讲，是要提高素质。如何抓住我省建筑施工企业的砌砖方面的薄弱环节，然后去解决它呢？现在已经找到的一个好办法，就是推广“2381”砌砖法。如果再提得高一点，这就要联系到浙江省的实际。我们浙江省的实际，就是随着商品经济的发展，有大量的农村劳动力要转移。这几年有大量的农村劳动力从土地上转移出去，大家已经知道了。我们可以看出，或者可以预见，随着我们商品经济进一步的发展，我们的种植业的趋势，就是要集约化，要集中。在种植业的集约化程度提高以后，那就有更多的农村劳动力要从土地上转移出去。前天晚上，我接待了埃及的一个代表团，他们只有5%的人口从事农业，尽管他们的粮食不够，要进口。但首先却说明了他们的集约化程度较高。我们的中央领导同志对这个问题是提到了一个很高的高度的。这就是要以工补农，以工促农，把农业搞得更好，并且要使工业成为农业发展的后盾。因此从更深远的意义上来说，加快建筑行业的发展步伐，就是要为我们大量的农村劳动力的转移，创造一个条件。

上个月，在上海开了一个建筑方面的座谈会。目的是要我们在上海的建筑队伍，不断地巩固，不断地扩大。这次会议起到了一个很好的作用，大家对在上海的队伍还是有信心的。在上海的这个建筑市场，江苏的队伍比较大，四川的队伍比较大，浙江的队伍也不算小，竞争很激烈。从浙江的情况来说，在历史上，浙江在上海的建筑市场中是有一定地位的。但从目前的趋势看，浙江的队伍面临着严峻的形势。所以，经省委、城乡建设厅、省建筑工程总公司、包括乡镇企业局在一起研究了一下，决定在上海开一个会。现在的情况虽然是有了一些好转，但是问题最终是要以质量取胜。所以，我觉得推广“2381”砌砖法，有它当前的现实意义，就是要把我们所存在的薄弱环节克服掉，使我们的整个建筑工程质量有进一步的提高。

刚才，我就为什么要推广“2381”砌砖法这个问题，我个人讲一下当前的现实意义和深远意义两个方面。第三个方面，讲一讲怎样来推广。

怎么来推广“2381”砌砌法呢？我想首先应该对“2381”砌砖法的优点加以宣传。今天浙报的同志和钱江晚报的同志来了，通过宣传部门进行宣传，报纸是重要的，电视是重要的，广播是重要的。除了专门的宣传单位之外，我们今天在座的宣传也是重要的。报纸、电视、广播的宣传，能够起到很大的鼓舞和推广作用，但是，要进一步深入进行介绍，就要靠在座的各位进行宣传。要用各种形式和各种方法进行宣传介绍。在充分利用各个省、市、县的宣传部门的一些宣传工具外，业务部门也要加入宣传，我们将力求做到在建筑施工队伍中人人皆知，都要知道是怎么一回事，有些什么好处，为什么要推广。在施工建筑单位之外，非专业、非直接的一些单位也要基本上知道。所以请今天各位在座的同志回去以后要加以宣传。作为省建筑工程总公司，作为城乡建设厅，当然更应该义不容辞地来进行宣传。

第二呢？我想提个要求，就是要进行专门的培训。既然这个方法好，既然这个方法重要，那么就必须推广。要推广，除了搞好宣传外，同时更要踏实地进行培训。如果要进行培训，我认为这里可以作为一个中心。培训要分层次，通过这里培训骨干，培训的老师，这是一个层次，这个层次很重要。刚才参加表演的泰顺学员，就是老师。泰顺县是省建筑工程总公司作为支援山区的挂靠点，这个挺好。支援山区的发展是支援在点子上了，支援在要点上了。以后泰顺县可以在建筑施工质量上有进一步的提高，并在现有的基础上扩大，使农村经济发展起来。我想这里要抓起来，是一个很重要的方面。第二个层次是要到各地去抓。今天来了三个市的人，杭州、宁波、温州来了人。我们回去以后要跟市委、市府领导汇报一下，要在自己的系统里面推广“2381”砌砖法，这是省政府的意见，要加以贯彻落实。除了这三个市地以外，其他八个城市也同样要这样。这个就是我要说的第二个层次。各地要推广，就要有师傅和骨干，这些师傅和骨干就要在这里培训。

我想，要推广这项新技术，不仅要认识它，还要知道它的重要性，而且要有落实推广的措施。只有这样才能培养出更多的人才，特别是在砌墙的质量方面有进一步的提高。上次我与省建筑工程总公司和城乡建设厅的同志讲了一下，总的意思是要采取一些行政手段。要采取必要的行政手段在全省推广“2381”砌砖法，主要是十一个地市。十一个地市可以用同样的办法让各个县进行推广，当然还要从各地的情况出发。我想坚持几年，我们浙江的施工队伍，可以在素质上有较大的提高，在施工质量上有较大的提高。通过今天的现场会，大家都来看一看，最后我讲这么几点意见，目的是要把它推广。

以上我就代表省政府讲这么几点意见。城乡建设厅和省建筑总公司要联合发一个文，要落实推广的措施。希望十一个城市对下面的县也要有落实推广的措施。大家回去以后要进行研究，条块要结合，任务要落实。权力要下放。光靠省建筑工总公司是不够的，省级有关部门、厅局、省建筑工程总公司要为推广“2381”砌砖法提供信息，提供服务。有的厅局自己也要很好的学习。我是很有信心的，应该说咱们浙江这支建筑队伍是有好传统的，吃苦耐劳，而且有一定的质量。但是，就在砌墙这方面是我们的弱点，既然这样，咱们就抓住要点，抓住薄弱的方面。

这样抓一把，就会带动整个方面提高一步，为我们全国建筑市场的进一步发展，来作出我们的更大贡献。

我就讲这些。谢谢大家。

浙江省建筑工程总公司副经理
浙江省土木建筑学会副理事长　　董宜君同志
浙江省建筑技术发展中心主任
在10月22日吴敏达副省长视察我校（站）
“2381”砌砖法培训工作及观看操作汇报现场会上的讲话

各位领导、各位同志：

我们今天很高兴，吴副省长到我们总公司技工学校来视察。今天来参加指导的还有省城乡建设厅的领导同志，省劳动人事厅、省水利厅、省交通厅的领导同志，还有杭州市建委、杭州市建筑总公司、宁波市建委、温州市建委的领导同志，还有省计经委、省驻沪办等领导同志，我代表省建筑工程总公司在这里表示欢迎。

今天，吴副省长主要是来看我们技工学校开展“2381”砌砖法培训的情况。大家指导，我们浙江省的砌砖质量较差，在全国质量检查中，我们所有的砌砖体质量都不合格。因此，城乡建设部对我们浙江省每次都要批评。我们省城乡建设厅倪副厅长召开过各公司总工程师会议，在会上，把如何提高砌砖体工程质量的课题交给了我们省建筑工程总公司，交给了我们省建筑技术发展中心来研究解决。我们接到这个课题后，与城乡建设部技术处的同志进行了联系，后来知道全国有个“2381”砌砖法，因此我们请了“2381”砌砖法的主要研究发明者陈维伟工程师来我们浙江开展培训。自今年二月份以来，这个培训工作取得了很大的进展。在今年全国质量抽查时，砂浆饱满度都是在90%以上。在省建二公司承建的轻型汽车制造厂食堂工程中，共抽查了三组砌砖体，两组是由“2381”砌砖法培训班的学员用“2381”砌砖法砌的，砂浆饱满度都是在90%以上，有的达到95%。其中一组是用传统的砌砖法砌的，质量就比较差。因此，省建二公司对“2381”很感兴趣。积极要求培训。我们总公司的规划是，到1990年，要求所有的砌砖体都用“2381”砌砖法砌筑。就是说要达到100%。我们有的公司很积极，认为到1988年，就是在明年全部都采用“2381”砌砖法。对这项工作，城乡建设厅也很支持。而且把城乡建设厅“2381”砌砖法培训站设在我们总公司技校。我们总公司技校不光是培养自己总公司的职工，也面向全省。全省的全民所有制，集体所有制企业的职工都可以到我们这里来培训。

吴副省长刚才给我们作了重要的讲话，指出了推广“2381”砌砖法的现实意义和长远意义，而且给我们指出了应该怎样进一步推广，提出了切实可行的意见。作为省政府的决定，吴副省长要求我去努力贯彻落实。我觉得，吴副省长的讲话，对我们总公司技校以及我们总公司来说，都是一个很大的鼓舞和鞭策。我们一定要尽自己的努力，把“2381”砌砖法的培训工作搞得更出色，不仅要把我们总公司的工程质量提高上去，而且要为提高全省的工作质量做出努力，通过“2381”砌砖法的培训工作，来造就一支社会主义“四有”的建筑队伍。另外，我们希望技工学校的全体教师和学校的领导，在引进的基础上，要提高，要创新。我认为，“2381”的科学原理。不仅要应用在砌砖法上，在我们技工学校其他工种的培训上，也可以推广和应用，使我们技工培训工作更上一层楼。

今天我们很高兴，各位领导和同志们到我们技校来参加现场会，我代表省建总公司，再一次向大家表示感谢。

谢谢大家。

钱学森主席：您好！

向您汇报我在传统技术中开展人体潜能开发研究取得的成果。

我是建筑工程师，20世纪60年代初自选对建筑工程质量控制研究，对人的操作因素——操作技能形成和作业疲劳控制问题的研究，经过长期探索，终于完成以生理、心理等学科为基础的砌砖动作规范化作业设计，定名为“2381”砌砖法，即两种步法、三种身法、八种铺质手法、一种挤浆动作。又经历了大量的推广实践，取得良好效果，使一些施工单位工程质量和工人技术素质有了明显提高，一个刚入厂的职工，经三个月的培训，即能掌握操作技能，半年成为熟练工人，工作效率相当于现阶段2～3人完成的工作量（劳动强度不增加）。规范化作业动作经过强化训练，形成条件反射得以巩固，动作过程即完成操作质量控制，使工程质量“人的因素”——这个长期没能解决的问题，由定性向定量转化。经生理学家鉴定：规范化砌砖动作节律性劳动，有一定的健身作用，有利于对工人健康的保护，能有效地控制作业疲劳，具有预防砌砖工人职业性腰肌劳损的效果。由于“2381”作业设计消除多余动作，使原来砌一块砖需要做18个动作，降为3～4个，最高砌筑速率400块砖/1h。超国家定额1～2倍，打破美国管理学者吉尔布来斯创造的砌一块砖5～7个动作，砌砖速率350块砖/h记录。

1985年同美国国际建筑技术训练中心来华交流，“2381”的科学性和训练效果超过美方（使原引进美方训练的计划取消）。“2381”的出现在建筑界引起强烈反响，几年来推广工作不断扩大，已发展到十几个省市。浙江省政府号召全省建筑业推广“2381”砌砖法，副省长吴明达同志亲自主持推广现场会，把推广“2381”作为农村剩余劳动力转产，提高建筑业队伍素质，增强竞争机制占领国内外建筑市场重大决策来抓。成立培训中心，一年训练工人700余人、承担35余万平方米建筑施工，施工质量达优，开始摘掉浙江省砌砖技术落后帽子。其他省区也在效仿。一项传统技术的改革，如此深得人心，推广已近十年仍是经久不衰，在我国是十分罕见的。有关专家权威人士认为：这是建筑行业一项深刻的革命，是业界新技术革命在我国传统技术领域的反应，“2381”研究成功为推动传统技术进步提供一条有效经验，对其他传统作业改革将产生深远影响。

我是另有公职，“2381”是非职务研究成果，是在没有领导支持和他人合作下完成的，这中间经历了文革期，开展研究之艰难程度是可想而知，如今能得到社会承认，面对全国推广的局面，我是欣慰有余，又感到无法承受来自各地的培训、讲学邀请的巨大压力，这几年就是在忙乱中度过来的，不仅没有完成好推广，又不得不终止我在其他作业研究成果中的开发，只得求助于您和中国科学技术学会给我帮助。

（1）培训问题：截至目前我用了十年的时间，为各省区培训了约2000名“2381”操作手，加上各地自行培训，总数不超过1万人。而我国砌砖工程民用建筑占90%以上，“七五”期间砌砖工程不少于18亿m^2，每年3.5亿m^2，相当于世界各国砖砌工程的总和（美国砖砌住宅占新建住宅80%以上，法国60%～70%，联邦德国更为普遍）。当前建筑业自身无力承担量大面广的施工任务，绝大部分由农村包工队完成，近几年我国建筑业发展过快，乡镇建筑队伍已接近1千万，约有200～300万农民工直接从事于砌砖作业，素质差，管理混乱，工程质量低劣，在许多乡镇建筑企业中严重存在（“六五”期全国新建砖砌房屋倒塌事故超过百栋）。如何尽快的让这支队伍掌握“2381”砌砖法才是巨大效益获得的所在，如果有100万农民工学会“2381”，就足可以应付目前施工任务重、质量差的局面，怎样组织呢？非一般机构所能承担得了的。其次是一些单位开展培训热情很高，缺少师资，对训练方法科学性缺乏足够认识，搞花架子，不能取得预期效果或中途而废，再次是“2381”是对传统操作工艺的改革，是传统技术同现代化管理相结合的产物，管理方法必须实行标准化，才能使“2381”的效益得到充分发挥，实质上是建筑业中国式泰勒制管理模式。在这方面的宣传力度不够，因此效益仅局限于保证砌筑质量方面。

（2）我国应建立对传统技术开发研究的机构。传统技术在我国历史悠久，蕴藏着极为丰富的潜在能量，我在对砌砖作业研究中，就引用了其他操作技术的优良作业动作，遗憾的是不被人们所重视，科研部门无人问津，大专院校教学内容无一席之地，对传统技术鄙薄，加上习惯的阻碍，一些优秀的操作方法逐渐失传。1983年建设部举办全国砌砖技术比赛，已经看不到新中国成立以来积累的优秀操作方法。我在讲学活动中到过许多地区（除中南、华南），目睹我们的建筑工人仍使用原始的工具，用笨拙、拼体力方式进行劳动；我们的一些领导者仍沿用着战争年代的口号指挥生产，用人海战、加班加点来完成任务，长期疲劳战在广大工人中产生强烈的逆反心理，工程质量处于失控状态。当我把“2381”入门不难、简单易学、以技巧代替笨体力等科学原理，讲给工人听，受到热烈欢迎，把我称为工人的贴心人，给他们带来福音，不少工人直接书信于我，索要教材、工具，自发组织培训，有的地区已引发了一场“2381”热，这些生动事实，给了我莫大的鼓舞。为此我向各界呼吁要重视对传统技术开发应用研究，这是不需要花费大量人力、物力即可取得巨大效益的好事，建立专门研究机构，打破科技界各专业、学科严于分割的现状，加强组织领导，把各行业的传统操作研究组织起来，相互渗透、交流、开发，把我国传统产业技术进步推向一个新的高度，为加快四化建设贡献力量。

敬礼

陈雄伟

1988年4月20日

刘教授（刘源张）：您好！

去年八月收到您的来信，感谢您对我的关怀和鼓励。本该及时给您写信，后因不慎在工地上扭伤了腿，休息了两个多月，此后受邀去兰州、西宁，为西南、西北八省区建筑技术比赛大会开展砌砖动作研究及标准化作业讲座和培训活动，故想在完成这些任务之后，再写信向您汇报。

现寄上《砌砖动作研究和作业标准化》文稿，是我多年来开展这方面研究的工作总结。搞动作研究是为对建筑产品操作质量实行控制引起，经历 20 多年的研究（业余的），终于找到了通过调整人的操作因素对质量进行控制的方法，研究选题虽然针对砌砖，实际上对于传统的手工作业都是适用的。文稿的中心想说明以下几个问题：

(1) 我国的传统技术具有悠久的历史，是历代劳动人民智慧的结晶，有着极为丰富且科学的内容，用现代管理科学的观点和方法，去整理、提炼古老的传统技术，等于注入新的生命力，会产生意想不到的效益，是推动传统技术进步的有效途径。

(2) 现代的动作研究应该突破单纯的提高劳动生产率为目的的框框，把质量和对工人劳动强度、疲劳程度的控制放在首位，借助于其他学科（生理、心理、肌肉解剖）的原理，剖析动作规律，进行科学研究，是能取得理想的效果的。

(3) 应改变“师傅带徒弟”旧的传艺传统，对工人进行科学培训。培训应把提高适应于本行业劳动的身体素质和训练技能同时并举，使劳动成为符合人体正常生理活动规律的运动，避开易于损害肌体健康的动作，形成对疲劳的控制，从而使广大工人极大地获得健康保护，降低劳损发病率。

这一研究自 1978 年以来首先在北京铁路局工程系统内部广泛开展培训，取得了显著的效果。1983 年被中国工程建设质量管理协会副理事长虞福京同志发现，经他推荐在协会成立大会暨第一次年会上做了题为“应用管理科学使砌砖作业科学化从而达到提高质量、提高效率的目的”的发言，讲述了动作研究和标准化作业在建筑业中推广的重要性，切中了当前建筑工程质量下降和工人素质低下的要害，引起了大会强烈反响。会后邀请讲学培训的单位接踵而来，两年多在我国许多地区和城市开展了观摩表演、培训讲学活动。其中规模较大的两次，一次为在哈尔滨举办全国工程建设质量解学习研究班对 220 名学员讲“砌砖动作研究标准化作业”，哈尔滨市建委组织了 77 个施工单位参观了观摩表演，另一次是西南、西北八省区技术比赛大会上的讲学。至今，听讲人次达万人以上，举办培训班 13 期，同时报纸、杂志以及电视台都做了报道，国内建筑行业四家杂志社都刊登了有关文章，今春节以来又相继收到，甘肃、青海、云南、贵州、陕西、山西、南昌、秦皇岛、沈阳等地来函，邀请讲学、培训，索取资料、订购工具，问询有关专业知识。一个动作研究成果能牵动那么多单位、地区，波及面如此之广，感到十分欣慰，随着宣传的深入，使我感到压力很大和不安。因为这一研究是没有上级指示和其他同志的协助，纯属个人爱好引起的，也由于这一原因，至今未通过专业部门的鉴定，现在作为一项成果受邀外出讲学，都是以个人名义出现，很不妥当。也曾经向一些工程学会提请申请，由于动作研究是横跨多学科的研成果，大部分是生理、心理、肌肉解剖还有管理学的知识，而涉及作业技术内容甚少，工程界没有这些专科机构，审议确有难处。1984 年 7 月，我把《砌砖动作研究》一文寄给中国质量管理协会，请求能否提交由中国质量管理协会、中国标准化协会、中国计量测试学会联合举办质量管理学术讨论会进行讨论，文函至今未见回音，不知此文下落何处。我此所以急切投书各学术团体提请申议，是希望这项工作能得到各界有识之士的重视和支持，同对呼吁各级领导注意工人健康的保护问题。在我从事于砌砖技术研究的近 20 年中，对 20 余名砌砖能手长期观察过程中，相继以腰肌劳损而退出砌砖岗位（仅一人幸免），目睹当年为我国建设事业一砖一瓦辛勤劳动的建筑瓦工，晚年竟要在劳损病痛中度过，感情上难以接受。受责任感所趋，作为一名建筑工程师进入了与本专业毫不相关的劳损防治研究。在天津医科大学郑磊明教授指导下，我开始系统学习生理学、肌肉运动解剖学，调查劳损发病原因，并利用瓦工的劳动，在劳动中亲身体验弯腰活动规律。提出用复合交替肌肉活动代替瓦工惯于单一肌肉活动，易于产生疲劳操作方法，利用砌筑高度升起的变化规律改变腰部用力方式和强度，使疲劳形成控制，并在作业过程中自行消失；用以训练运动员那样训练新一代瓦工，在提高操作技能的同时，增强了腰部肌肉适应砌砖劳动的能力，提高身体素质，运用条件反射使砌砖动作符合人体正常生理活动规律。从而来抑制劳损发病率。用以上理论编排一套基本功速成训练方法，按设计规定的动作进行作业，经过几年的实践是完全可行的，培养了一批新工人，使瓦工这一传统作业实现科学化、标准化。用动作规范对疲劳进行控制、对劳损进行防治的功能，我仅能以个人的体验和对青年工人培训时听取他们的感受，缺乏科学依据。为此，我求教于医学科学界人士，有天津医学院生理教研室邢克浩教授，上海科学院生理研究所研究员荣辛未，上海市东昌地段医院中医师庄元明主任，上海静安区中心医院骨科主任医师宣蛰人，他们都是中国软组织疼痛研究组的成员，是研究腰背劳损的专家，他们对我提出的设想十分赞赏，因为他们所研究的腰背痛损伤是在发病后的防治，对于成病原因（操作工人的劳动条件）并不熟悉，因此他们中也有认为劳损是必然的，在全国乃至全世界每年要有几十万劳动人军在劳动中丧失劳动能力，至于我的设想能否成立，需要经过科学实验和长期观察，欢迎同我合作。然后，我是自费请事假作短暂访问，在没有上级领导支持的情况下，这种研究是无法是实现的。再有就是动作规范对质量控制问题，目前仅停留在与全国著名砌砖能手外观质量的对比测定，真正的质量含义，需要通过大量的试验进行砌体强度（抗压、抗剪）测定，这也是个人所不能及的事情。其次，用科学方法训练新一代瓦工，要改革上千年相传的手工作业操作的传统习惯，是一项巨大的工程，必然会受到各方面传统势力的阻碍，特别在建设工程界施工作业惯于搞人海战术，工人加班加点，拼体力，多加奖金即是完成任务的唯一法宝，至今仍是十分盛行，要让这些领导者接受科学管理，在近期内是实现不了的，相反认为这是小题大做，“工人怎么铺砖，怎么样才省力?”这种研究究竟有多大价值，人们议论纷纷，众说不一，怀疑者为多数，更有甚者反对之。“一个喝墨水的人研究砌砖”，“这不是训练瓦工是训练舞蹈队”，斥我是“卖野药，不误正业者”。

综上所述，在十多年时间中完成前阶段的研究，经历了种种磨难，下一步的工作非我一人所能及的。向先生汇报，请求质量管理协会的审议，其目的也是为了取得更多的支持和帮助，动员各行各业传统工艺和各学科研究部门参加到这一研究行列中来，挖掘手工作业优良传统，为建设四化服务。不论今后我能否继续从事于这一研究，如果说我的前期工作能对大家有所启迪，也是件宽慰的事情。写到这里。

敬礼

身体健康

学生陈维伟敬上

1986 年 3 月 31 日

（刘源张，中国科学院系统工程研究所所长、研究员，中国全面质量管理协会理事长。）

关于向颜正朝等23位校友颁发2010年度“优秀校友（企业导师）奖”的决定

南工校教［2010］48号

各学院、各部门：

我校在百年办学的历史基础上，近年来抢抓机遇，趁势而上，快速发展，办学成就得到社会各界的广泛认可，学校影响力极大提升。在这一过程中，我校广大校友一直关注母校发展，尤其关心在校生的成长发展，在学生实习、实践等方面提供指导和支持，帮助在校学生提升工程实践能力。

为表彰历届校友多年来为我校本科生培养工作做出的特殊贡献，进一步发挥校友资源在提升我校本科人才培养质量中的独特作用，经研究决定，向颜正朝等23位校友颁发“优秀校友（企业导师）奖”。

希望各单位在师生中大力宣传优秀校友心系母校发展的事迹，使校友关心母校发展、关爱本科生成长的精神得以彰显和传承。

南京工业大学

2010年11月13日

优秀校友奖
（企业导师）
陈维伟
校长：欧阳平凯
南京工业大学
南京工业大学
2010年11月13日

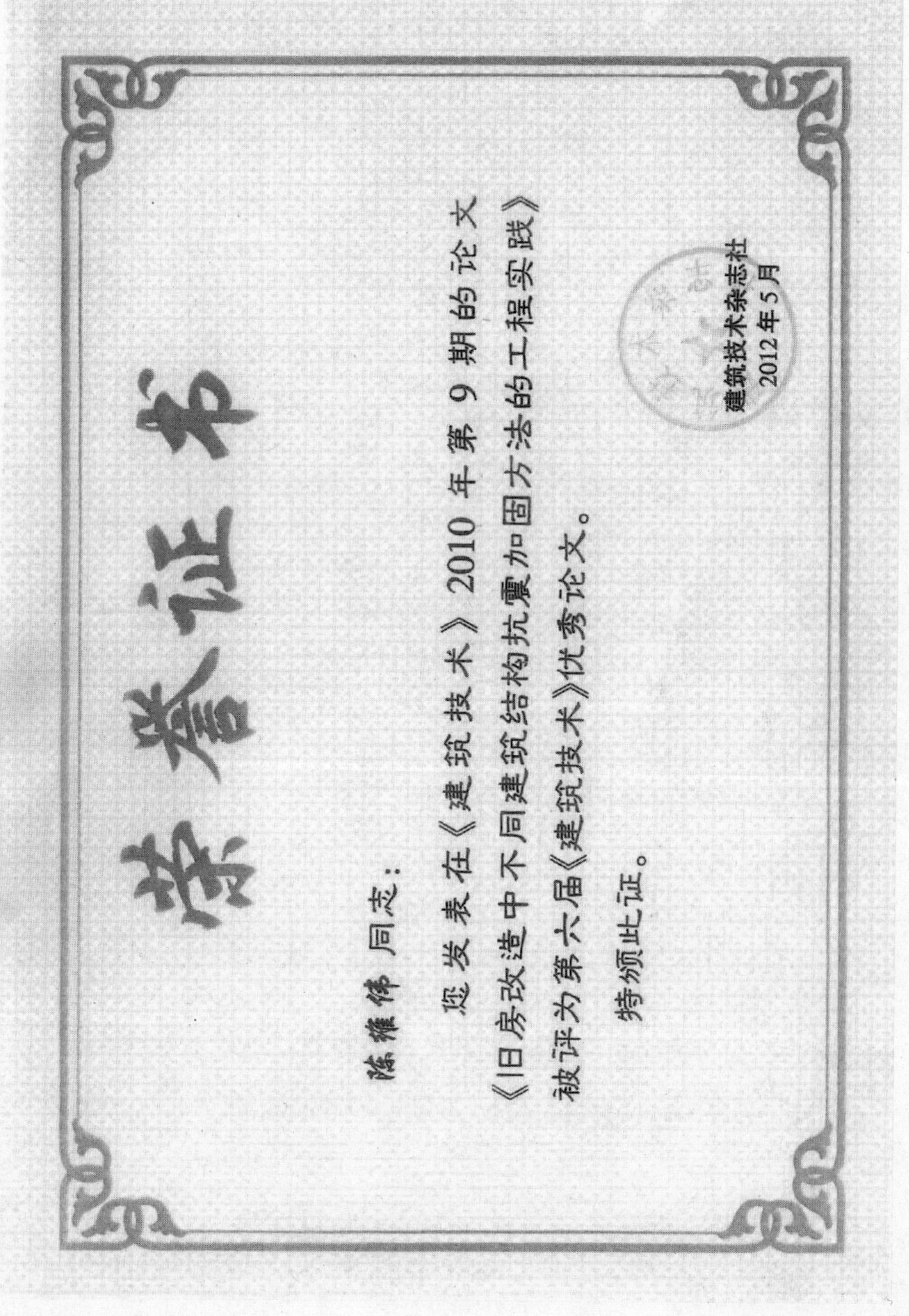

荣誉证书

陈维伟 同志：

您发表在《建筑技术》2010 年第 9 期的论文《旧房改造中不同建筑结构抗震加固方法的工程实践》被评为第六届《建筑技术》优秀论文。

特颁此证。

建筑技术杂志社

2012 年 5 月

奖励证书

一九八八年度浙江省科学技术进步奖　　第880044号

二　等　奖

受奖项目：粘土标准砖砌砖作业研究（“2381”砌砖法）

受　奖　者：浙江省建工技校　协作单位　天津铁路医院

陈维伟　郑磊明　徐可安

浙江省人民政府

一九八九年